はじめて学ぶ

AutoCAD
2023
作図・操作ガイド

2022/LT 2021/2020/2019/2018/2017/2016 対応

鈴木孝子 著

はじめに

最近では、あたりまえのように使われている言葉ですが、CAD（Computer Aided Design）というのは、コンピュータによる製図やそのために使用するアプリケーションソフト自体を指しています。

CAD ソフトはいろいろなメーカーから販売され、その中の1つに Autodesk 社の AutoCAD があります。AutoCAD は平面だけでなく、立体的な 3D 製図にも対応している多機能な汎用 CAD ソフトです。

AutoCAD は使いこなせば最強ともいえる便利なツールですが、独自のルールとその多機能さから使い始めたばかりの初心者の方は戸惑うことも多いようです。

本書では、AutoCAD を使い始めた初心者の方が、迷うことがないように、最初に習得するべき内容を厳選して紹介していますので、まずは、ひととおり読んで実際に操作してみて下さい。

簡単な基本図形の作図から始め、修正や変形するやり方を1つずつ覚えた後、組み合わせた使い方を学べるような構成になっています。練習問題もありますので、操作方法を確認したら、実際に手を動かしてみましょう。CAD 製図の習得は、何度も使い、慣れることが重要です。

昨今はネット環境が充実し、関連情報を仕入れやすい環境が整っていますので、基礎知識をしっかりつけてから調べれば、高度な技術の理解が各段に早まります。また、実際の業務への応用や、職場にいる上級者への質問もスムーズにできるようになるでしょう。

他の人のやり方を真似たり、自分なりの使い方を考えたりすることは、後々とても役立ちますので、基本操作をマスターしたら、どんどん挑戦してみてください。本書が AutoCAD を使いこなす足がかりとなれば幸いです。

最後になりましたが、本書執筆に際し、サポートしてくださった柳澤さんをはじめとするソーテック社のスタッフの皆さまに心から御礼申し上げます。

2022 年 5 月

鈴木孝子

CONTENTS

はじめに ··· 3
CONTENTS ··· 4
本書の構成 ··· 10

Part 1 | AutoCAD の基本操作 ············· 11

1-1 AutoCAD を始めよう   12
AutoCAD を起動するには ···················· 12
AutoCAD を終了するには ···················· 14

1-2 AutoCAD の画面構成と役割   15
AutoCAD の画面の名称 ······················ 15

1-3 リボンとアプリケーションメニュー   16
リボンの構成 ···································· 16
表示する「パネル」の変更方法 ·············· 16
アプリケーションメニューの表示方法 ········ 17

1-4 マウスの操作   18
クリック ··· 18
ダブルクリック ·································· 18
右クリック ······································ 18
ドラッグ ··· 18
マウスカーソルとクロスヘアカーソル ········ 18

1-5 図面の作成とファイル管理   19
図面を作成する手順 ··························· 19
新しい図面を用意する（新規作成）·········· 20
図面に名前を付けて保存する ················ 22
ファイルのウィンドウを閉じる ·············· 23
既存のファイルを開く ························· 24
上書き保存をする ····························· 25
不要なファイルを削除する（「開く」コマンドから）········· 25

Part 2   図形を描画する · · · · · · · · · · · · · · ·   29

2-1 AutoCAD 操作の基本ルール   30
製図のコマンド指定の流れ ………………………………… 30
コマンドとは ………………………………………………… 30
コマンドの選択方法 ………………………………………… 30
メッセージの確認と操作 …………………………………… 31
コマンドの終了と終了方法 ………………………………… 32
その他のルール ……………………………………………… 32

2-2 直線を描く   33
連続した線を描く（line）…………………………………… 33
水平線・垂直線を描く（line+ 直交モード）…………………… 35
覚えよう!! 便利な機能 1　グリッドを使う／スナップ…………… 38
指定した長さ・角度の線を描く（line 座標入力）………… 40
平行線を描く（offset）……………………………………… 44

2-3 円を描く   46
中心点と半径を指定して円を描く（circle）……………… 46
3 点を指定して円を描く（circle 3P）…………………… 47
2 つの図形に接する円の半径を指定して円を描く（circle ttr）…… 49
覚えよう!! 便利な機能 2　オブジェクトスナップ（定常 OSNAP）を使う／オブジェクトスナップで設定できる点 .. 51

2-4 円弧を描く   54
3 点を指定して円弧を描く（arc）………………………… 54
始点・中心・終点を指定して円弧を描く（arc）………… 55
始点・中心・角度を指定して円弧を描く（arc）………… 57

2-5 図形を削除する   58
図形要素を 1 つずつ削除する（erase）…………………… 58
図形をまとめて削除する（erase）………………………… 59

2-6 操作をやり直すには   61
直前の操作を元に戻す（undo）…………………………… 61
元に戻した操作を復活させる（redo）…………………… 61
操作を中断する（コマンド実行途中に強制的にコマンドを終了する場合）…… 61

2-7 画面表示の大きさを変える   62
指定した部分を拡大表示する（zoom w）………………… 62
画面を移動する（pan）……………………………………… 63
図面全体を表示するには（zoom all）…………………… 64
表示状態を戻す（zoom p）………………………………… 64
リアルタイムズーム（zoom）……………………………… 64
その他のズーム ……………………………………………… 65
View Cube で視点の変更…………………………………… 66

2-8 四角形、正多角形、楕円を描く　　69

四角形を描く（rectang）‥‥‥‥‥‥‥‥‥‥‥‥‥‥‥‥　69
正多角形（ポリゴン）を描く（polygon）‥‥‥‥‥‥‥‥‥‥　71
図形を分解して辺を削除する（explode）‥‥‥‥‥‥‥‥‥　74
楕円を描く（ellipse）‥‥‥‥‥‥‥‥‥‥‥‥‥‥‥‥　75

練習問題 1　　78

Part 3 | 図形を編集する ‥‥‥‥‥‥‥‥‥‥‥‥ 89

3-1 図形を選択する方法　　90

図形を選択する　‥‥‥‥‥‥‥‥‥‥‥‥‥‥‥‥‥‥　90
複数要素をまとめて選択する　‥‥‥‥‥‥‥‥‥‥‥‥　91
選択してしまったオブジェクトを対象からはずす　‥‥‥‥‥　94

3-2 図形を移動する　　95

移動先をマウスで指定して移動する（move）‥‥‥‥‥‥‥　95
移動距離を座標入力して移動する（move）‥‥‥‥‥‥‥‥　97
図形を回転移動する（rotate）‥‥‥‥‥‥‥‥‥‥‥‥　98

3-3 図形を複写する　　103

図形を同じ形・同じ向きで複写する（copy）‥‥‥‥‥‥　103
同じ図形をたくさん複写する　‥‥‥‥‥‥‥‥‥‥‥‥　106
図形を反転複写する（mirror）‥‥‥‥‥‥‥‥‥‥‥‥　108
図形を回転複写する（arraypolar）‥‥‥‥‥‥‥‥‥‥　109
図形を縦横一定パターンで並べて複写する（arrayrect）‥‥‥‥　112

3-4 図形の大きさを変更する　　114

線の長さを延長する（extend）‥‥‥‥‥‥‥‥‥‥‥‥ 114
図形全体の大きさを変更する（scale）‥‥‥‥‥‥‥‥‥ 116
図形の一部分の長さを変更する（stretch）‥‥‥‥‥‥‥ 118

覚えよう!! 便利な機能3　グリップ‥‥‥‥‥‥‥‥‥‥‥‥ 119

3-5 かどの処理をする　　121

面取りをする（chamfer）‥‥‥‥‥‥‥‥‥‥‥‥‥‥ 121
円弧でかどを丸める（fillet）‥‥‥‥‥‥‥‥‥‥‥‥ 123

3-6 図形の一部分を削除する　　125

図形を切り取り線で切り取る（trim）‥‥‥‥‥‥‥‥‥ 125
図形の中で指示した2点間を削除する（break）‥‥‥‥‥‥ 127
1つの図形を2つに分割する（break）‥‥‥‥‥‥‥‥‥ 128

練習問題 2　　131

Part 4 　画層の管理と操作 ・・・・・・・・・・・・・・・　**147**

4-1 画層の管理　148
画層とは ・・・・・・・・・・・・・・・・・・・・・・・・ 148
画層を作成する ・・・・・・・・・・・・・・・・・・・・・ 149

4-2 画層を使いこなす　154
図形を描く画層を選択するには ・・・・・・・・・・・・ 154
画層の表示・非表示を切り替える ・・・・・・・・・・・ 154
非表示画層を表示させる ・・・・・・・・・・・・・・・・ 156
画層の編集を制限する ・・・・・・・・・・・・・・・・・ 157
画層の順番を変更する ・・・・・・・・・・・・・・・・・ 158

Part 5 　文字と寸法線を入力する ・・・・・・・・・・・　**159**

5-1 モデル空間とペーパー空間　160
モデル空間とは ・・・・・・・・・・・・・・・・・・・・・ 160
ペーパー空間とは ・・・・・・・・・・・・・・・・・・・・ 160
文字と寸法線 ・・・・・・・・・・・・・・・・・・・・・・ 160

5-2 文字を入力する（モデル空間）　161
モデル空間で文字を描く ・・・・・・・・・・・・・・・・ 161
文字スタイルを設定する ・・・・・・・・・・・・・・・・ 161
文字を 1 行ずつ入力する（dtext） ・・・・・・・・・・ 163
複数行まとめて入力する（mtext） ・・・・・・・・・・ 164
入力後に文字を修正する（ddedit） ・・・・・・・・・・ 165
覚えよう !! 便利な機能 4　文字の位置合わせオプション ・・・・・・・・・・・ **166**

5-3 寸法線を入力する（モデル空間）　168
寸法線を記入する手順 ・・・・・・・・・・・・・・・・・ 168
寸法スタイルを設定する ・・・・・・・・・・・・・・・・ 168
寸法線を入力する ・・・・・・・・・・・・・・・・・・・ 172
寸法オブジェクトを修正する（dimedit） ・・・・・・・ 183

5-4 平面図を描いてみよう　188
図面範囲の設定 ・・・・・・・・・・・・・・・・・・・・・ 188
寸法線のスタイル設定 ・・・・・・・・・・・・・・・・・ 190
文字設定 ・・・・・・・・・・・・・・・・・・・・・・・・ 190
画層設定 ・・・・・・・・・・・・・・・・・・・・・・・・ 190
平面図を描く ・・・・・・・・・・・・・・・・・・・・・・ 191

Part 6　レイアウトとペーパー空間 ・・・・・・・・・ 203

6-1　レイアウトの基本操作　204
レイアウトの設定手順 ・・・・・・・・・・・・・・・・・・・・・・・ 204
印刷の設定をする ・・・・・・・・・・・・・・・・・・・・・・・・・・ 204
レイアウトビューポートの尺度を設定する ・・・・・・・・・・ 206
レイアウトを整える ・・・・・・・・・・・・・・・・・・・・・・・・・ 207
レイアウトビューポートの表示位置変更 ・・・・・・・・・・・ 209

6-2　複数の尺度で表示する　211
1つ目のレイアウトビューポートのレイアウト ・・・・・・・・ 211
レイアウトビューポートの追加 ・・・・・・・・・・・・・・・・・ 213
レイアウトビューポートの配置 ・・・・・・・・・・・・・・・・・ 216

6-3　尺度の違う図形に同じ大きさで寸法線を表示する　218
寸法スタイルの設定（異尺度対応） ・・・・・・・・・・・・・・ 218
寸法線の入力方法（異尺度対応） ・・・・・・・・・・・・・・・・ 220

6-4　尺度の違う図形に同じ大きさで文字を表示する　224
文字スタイルの設定（異尺度対応） ・・・・・・・・・・・・・・ 224
レイアウトの設定 ・・・・・・・・・・・・・・・・・・・・・・・・・・ 225
ビューポート枠の非表示設定 ・・・・・・・・・・・・・・・・・・ 231

Part 7　印刷 ・・・・・・・・・・・・・・・・・・・・・・・・・・ 233

7-1　印刷確認と印刷の実行　234
ページ設定 ・・・・・・・・・・・・・・・・・・・・・・・・・・・・・・ 234
印刷プレビュー ・・・・・・・・・・・・・・・・・・・・・・・・・・・ 235
印刷の実行 ・・・・・・・・・・・・・・・・・・・・・・・・・・・・・・ 236

7-2　印刷スタイルの設定　237
acadlt.ctb（標準的な印刷スタイル） ・・・・・・・・・・・・・ 237
monochrome.ctb（黒で印刷） ・・・・・・・・・・・・・・・・・ 238
印刷スタイルを追加する ・・・・・・・・・・・・・・・・・・・・・ 240

Part 8　効率よく作業する ・・・・・・・・・・・・・・・・・ 243

8-1　テンプレート　244
テンプレートとは ・・・・・・・・・・・・・・・・・・・・・・・・・・ 244
新しいテンプレートを登録する ・・・・・・・・・・・・・・・・・ 244
テンプレートを使用する ・・・・・・・・・・・・・・・・・・・・・ 253

8-2　他の図面から図形を複写する　254
図面 A から B に複写する ……………………………… 254

8-3　ブロック　256
ブロックの登録 ……………………………………… 256
ブロックの挿入 ……………………………………… 258
ブロックの解除 ……………………………………… 260

8-4　ダイナミックブロック　262
ダイナミックブロックの設定 ……………………… 262
回転アクション ……………………………………… 262
ストレッチアクション ……………………………… 266

8-5　ハッチング　271
斜線を使ったハッチング …………………………… 271
ハッチングの中抜き ………………………………… 272
模様を使ったハッチング …………………………… 274

8-6　表を作成する　281
表の作成 ……………………………………………… 281
計算をする …………………………………………… 283
セルを結合する ……………………………………… 285
文字の位置を変更する ……………………………… 286

8-7　2 点間の中点を拾う (一時 OSNAP)　288
中点に垂直線を引く ………………………………… 288

8-8　図面情報・計測機能　290
オブジェクトプロパティ管理 ……………………… 290
距離計算 ……………………………………………… 292
面積計算 ……………………………………………… 293
座標を取得する ……………………………………… 295

8-9　データ交換　296
データ交換について ………………………………… 296
バージョンの違う AutoCAD に図面を渡す場合 …… 296
違うメーカーの CAD を使用している場合 ………… 297
Autodesk Trusted DWG ……………………………… 298
CAD ソフトを持っていない場合（PDF 出力）……… 298

INDEX ………………………………………………… 300

本 書 の 構 成

本書は、AutoCAD 2023 をこれから始めようとする方を対象に、図形の描画方法やそれらの編集方法を、１つの手順ごとに番号によって区分しながら解説しています。

本書は次のように構成されています。

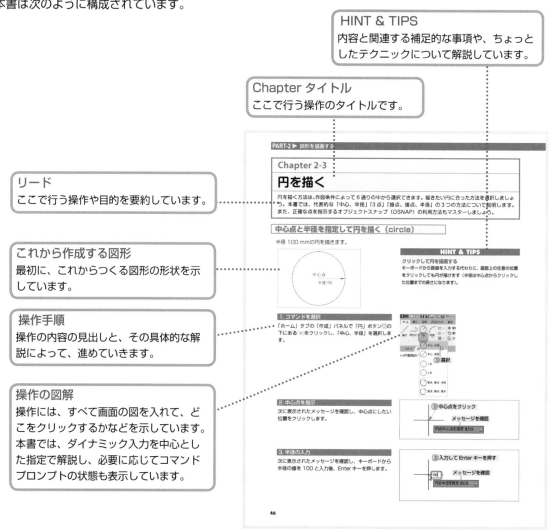

HINT & TIPS
内容と関連する補足的な事項や、ちょっとしたテクニックについて解説しています。

Chapter タイトル
ここで行う操作のタイトルです。

リード
ここで行う操作や目的を要約しています。

これから作成する図形
最初に、これからつくる図形の形状を示しています。

操作手順
操作の内容の見出しと、その具体的な解説によって、進めていきます。

操作の図解
操作には、すべて画面の図を入れて、どこをクリックするかなどを示しています。本書では、ダイナミック入力を中心とした指定で解説し、必要に応じてコマンドプロンプトの状態も表示しています。

サンプルファイルのダウンロード

本書で解説した内容で、サンプルが読者の皆様の手元にあったほうがより効果的に学習できる項目については、サンプルファイルをダウンロードできるようにしました。次の URL にアクセスしてください。

http://www.sotechsha.co.jp/sp/1303/

サンプルファイルのダウンロードに関しては、上記の URL にアクセスしダウンロードしたファイルの解凍を行ってください。
ファイルの解凍方法などに関しては電話や FAX での質問にはお答えできません。

PART 1

AutoCAD の基本操作

Chapter1-1	AutoCAD を始めよう
Chapter1-2	AutoCAD の画面構成と役割
Chapter1-3	リボンとアプリケーションメニュー
Chapter1-4	マウスの操作
Chapter1-5	図面の作成とファイル管理

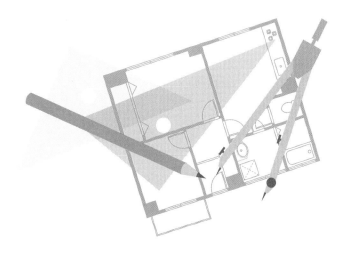

Chapter 1-1

AutoCAD を始めよう

最初に AutoCAD を「起動する方法」と「終了する方法」を覚えましょう。起動する方法はいくつかありますが、本書では代表的な方法について説明します。

AutoCAD を起動するには

デスクトップのアイコンをダブルクリック

デスクトップのショートカットアイコンをダブルクリックします。
AutoCAD 2023 が起動し、「スタート」タブが開きます。

 ① **ダブルクリック**

② **AutoCAD が起動**

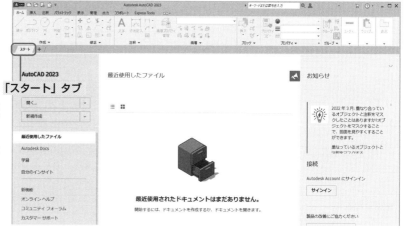

「スタート」タブ

はじめて AutoCAD を起動すると、画面上部の配色パターンは「ダーク（暗い）」が適用されています。
本書では見やすくするために、「ライト（明るい）」で表示しています。設定はオプションで変更できます。

その他の方法

1. デスクトップの下にある Windows のスタートボタンをクリックします。

2. メニューの「A」で「AutoCAD 2023 - 日本語 (Japanese)」の「AutoCAD 2023 - 日本語 (Japanese)」をクリックします。
   スタートボタン右の検索欄に AutoCAD と名前の一部を入力すると、AutoCAD が検索され選択することができます。

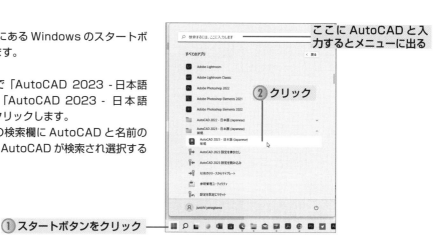

ここに AutoCAD と入力するとメニューに出る

② **クリック**

① **スタートボタンをクリック**

HINT & TIPS

「スタート」タブウィンドウ

AutoCAD を起動すると「スタート」タブウィンドウが表示されます。

「開く」では保存したファイルを開くことができます。
「新規作成」は新しく図面を作成する場合に使用します。

最近使用したファイル

「最近使用したファイル」に表示された最近使用したファイルはクリックで開くことができます。

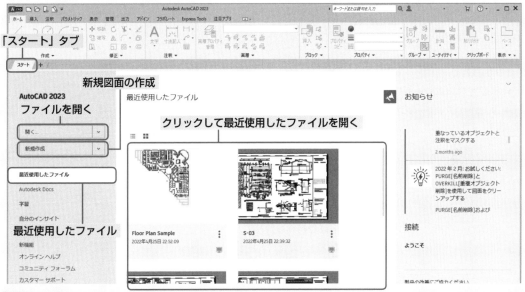

「学習」ページ

「学習」ページでは、AutoCAD の新機能やビデオ、学習のヒント、オンラインリソースが確認できます。

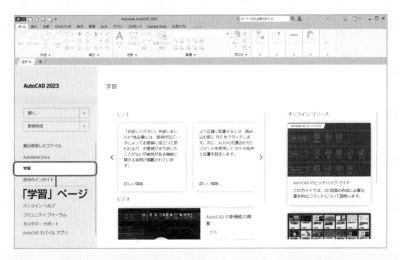

「学習」の上にある「Autodesk Docs」は、Autodesk Desktop Connector がインストールされているときに、接続されている
ドライブのファイル構造を Autodesk データ管理ソースとしてファイル管理するツールです。

AutoCAD を終了するには

AutoCAD での作業が終わったら、AutoCAD を終了させましょう。

終了時に作業を保存していない場合には、作業を保存するかどうかを確認するためのダイアログボックスが表示されます。

タイトルバー右の閉じるボタン☒をクリック　　　　　　　　　　**クリックして終了する**

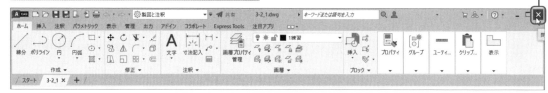

その他の方法

アプリケーションボタン  をクリックし、「Autodesk AutoCAD 2023 を終了」をクリックします。

① クリック

② クリック

HINT &TIPS

「[ファイル名] への変更を保存しますか？」というメッセージが表示されたら…

AutoCAD を終了
しない場合

保存する場合　保存しない場合

このメッセージは作図を行った後、図面を保存せずに AutoCAD を終了させようとすると表示されます。メッセージに対する答えとして 3 種類用意されています。

「はい」ボタンをクリックすると、「図面に名前を付けて保存」ダイアログボックスが表示され作図内容を保存できます。現在の状態を保存し、次回は保存した状態の続きから作図を行うことができます。

「いいえ」ボタンをクリックすると、変更した内容を保存せずに AutoCAD を終了します。作図した内容は失われます。

「キャンセル」ボタンをクリックすると、作図画面に戻ります（AutoCAD は終了しません）。

Chapter 1-2

AutoCAD の画面構成と役割

AutoCAD を起動し、作図準備が終わると下図のような画面が表示されます。ここでは主要部分の名称と役割について説明します。

AutoCAD の画面の名称

アプリケーションボタン
図面の新規作成や印刷に関するメニューが表示され、コマンドの検索をすることもできます。

クイックアクセスツールバー
よく使うコマンドを割り当てた絵（アイコン）が表示されています。アイコンをクリックするとコマンドが実行されます。アイコンは自分で登録することもできます。

タイトルバー
ファイル名が表示されます。右側には「情報センター」ツールバーがあります。

View Cube
図面の視点を切り替えます。

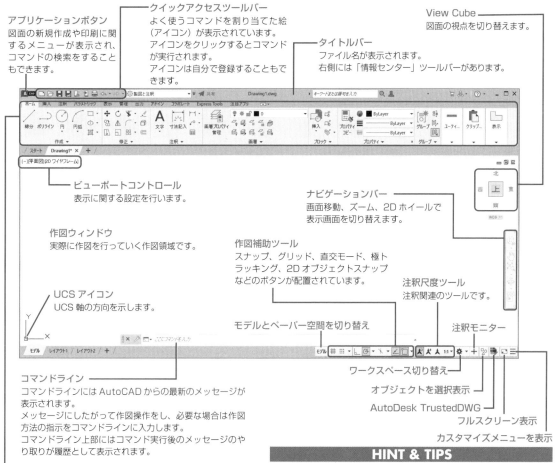

ビューポートコントロール
表示に関する設定を行います。

ナビゲーションバー
画面移動、ズーム、2D ホイールで表示画面を切り替えます。

作図ウィンドウ
実際に作図を行っていく作図領域です。

作図補助ツール
スナップ、グリッド、直交モード、極トラッキング、2D オブジェクトスナップなどのボタンが配置されています。

注釈尺度ツール
注釈関連のツールです。

UCS アイコン
UCS 軸の方向を示します。

モデルとペーパー空間を切り替え

注釈モニター

コマンドライン
コマンドラインには AutoCAD からの最新のメッセージが表示されます。
メッセージにしたがって作図操作をし、必要な場合は作図方法の指示をコマンドラインに入力します。
コマンドライン上部にはコマンド実行後のメッセージのやり取りが履歴として表示されます。

ワークスペース切り替え

オブジェクトを選択表示

AutoDesk TrustedDWG

フルスクリーン表示

カスタマイズメニューを表示

リボン
関連する複数のコマンドが「パネル」に分類されて、アイコン表示されています。
「パネル」上部ではさらに「タブ」によって分類されています。アイコンをクリックするとコマンドが実行されます。

HINT & TIPS

手書き製図にあてはめてみると
画面構成を手書きの製図にあてはめてみると、「リボン」は定規・コンパス・鉛筆等が入った道具箱で、「作図ウィンドウ」は用紙にたとえることができます。ダイナミック入力、コマンドラインは、作業者（AutoCAD）とのコミュニケーションをとる場所です。道具箱から道具を取り出し、コミュニケーションの場で作業者に命令を与えて、用紙に作図をさせるというイメージです。

Chapter 1-3

リボンとアプリケーションメニュー

AutoCAD では、コマンドの実行を主に「リボン」から行います。また、「アプリケーションメニュー」では図面全体に関するメニューの選択やコマンドの検索をすることができます。

リボンの構成

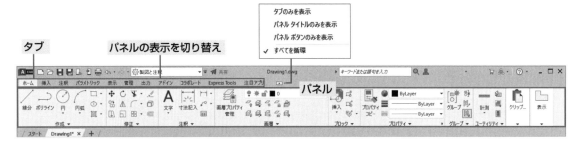

表示する「パネル」の変更方法

「リボン」は関連する複数のコマンドを小さな「パネル」ごとに分けて表示しています。「タブ」を変更することで、現在表示されているパネルとは違うパネルを表示することができます。

1. 現在の「タブ」の確認

枠が表示されているタブ名が現在表示されているタブです。

「ホーム」タブ表示中

2.「タブ」を変更する

表示させたい「タブ」をクリックします。
ここでは「注釈」タブをクリックしてみます。

① クリック

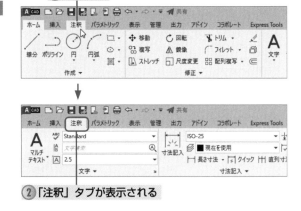

② 「注釈」タブが表示される

アプリケーションメニュー

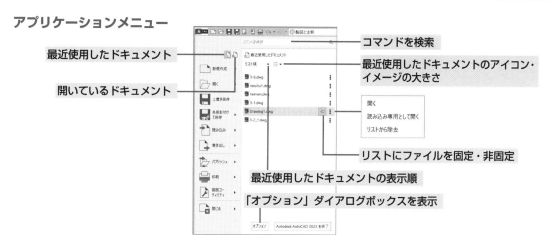

- 最近使用したドキュメント
- 開いているドキュメント
- コマンドを検索
- 最近使用したドキュメントのアイコン・イメージの大きさ
- リストにファイルを固定・非固定
- 最近使用したドキュメントの表示順
- 「オプション」ダイアログボックスを表示

アプリケーションメニューの表示方法

アプリケーションメニューは、ファイルを「開く」「名前を付けて保存」「印刷」など、図面全体に関わるコマンドを選択することができます。

1 「アプリケーションメニュー」の表示

アプリケーションボタン  をクリックし、「アプリケーションメニュー」を表示します。

① クリック
② 選択
サブメニューが表示される

2 「コマンド」の実行

表示されたメニューをクリックして選択します。ここでは「上書き保存」を選択しています。

HINT & TIPS

サブメニュー

アプリケーションメニューを表示した時に ▶ が表示されるコマンドは ▶ をクリックすると、サブメニューからさらにそのカテゴリのコマンドを選択することができます。

HINT & TIPS

クイックアクセスツールバー

クイックアクセスツールバーにアイコンを追加するには、「やり直し」ボタンの右側にある ▼ をクリックし、「クイックアクセスツールバーをカスタマイズ」で追加したいアイコン名を選択し、チェックを入れます。再度選択するとチェックがはずれ、非表示になります。リストに表示のないアイコンは「その他のコマンド」から選択することができます。
また、クイックアクセスツールバーのアイコン上で右クリックし、「クイックアクセスツールバーから除去」で削除もできます。

- クイック新規作成
- 上書き保存
- Web およびモバイルに保存
- 印刷
- メニューを表示
- 開く
- 元に戻す
- やり直し
- Web およびモバイルから開く
- 名前を付けて保存

Chapter 1-4

マウスの操作

AutoCAD では、マウスの操作が不可欠です。キーボードからコマンドを入力するよりも、マウスを使った方が効率のよい作業がたくさんあるので、マウスの使い方をしっかり把握しておきましょう。

クリック

マウスの左ボタンを押して、すぐはなす動作をクリックといいます。コマンドやファイルの選択、ボタン（アイコン）クリック、ポイントの指定など、最も頻繁に使う操作です。

カチッ

ダブルクリック

左ボタンを2回続けてすばやくクリックすることをダブルクリックといいます。

カチッ
カチッ

右クリック

マウスの右ボタンを押して、すぐはなす動作を右クリックといいます。
ショートカットメニューを表示するときに使います。

カチッ

ドラッグ

マウスの左ボタンを押したままマウスを移動し、目的の場所ではなす動作をドラッグといいます。

カチッ
押したまま移動

マウスカーソルとクロスヘアカーソル

画面上で矢印の形をしているアイコン（絵）はマウスの動きに連動しています。このアイコンのことを「マウスカーソル」といい、矢印の先端でコマンドをクリックします。AutoCAD の作図領域内では、マウスカーソルは十字型に変わります。この状態のカーソルを「クロスヘアカーソル」とよび、十字の交点が矢印の先端と同じ役割をしています。

マウスカーソル

クロスヘアカーソル

Chapter 1-5

図面の作成とファイル管理

ここでは、新しい図面を用意する方法、作成した図面を保存する方法、図面を開く方法について学びます。これらは、パソコン操作の基本的な内容も含んでいますので、しっかりと覚えてください。

図面を作成する手順

AutoCAD を使って図面を作成・管理するには、下記の手順が必要です。

クイック新規作成ボタン

❶ 作図をするための新しい図面を用意する（新規作成） P.20

スタートタブの「新規作成」をクリックするか、ファイルタブの「新規図面」をクリックします。またクイックアクセスツールバーの「クイック新規作成」ボタンを使って、新規図面のテンプレートを選び新しい図面を用意します。

❷ 作図を行う（Part2以降で説明）

❸ 作図した画面を名前を付けて保存する（名前を付けて保存） P.22

作図をした図面を再び開いて、前回の続きから編集したり、印刷できるようにするために、図面に固有の名前を付けて保存します。

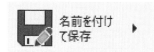

❹ 作図中には、ある程度作業をしたら保存する（上書き保存） P.25

作図中は終了時だけでなく、できるだけこまめに上書き保存をする習慣をつけましょう。保存していない図面の内容は、停電やパソコンの不具合時に、失われてしまうこともあります。変更した図面を別の図面にしたい場合は上書き保存ではなく、新たに違う名前を付けて保存します。

　作図した図面1枚1枚のことを「ファイル」といいます。それぞれのファイルには違うファイル名を付けて作成・保存・削除の管理を行います。
　したがって、まったく同じファイル名を付けると同じファイルとみなされ、後から作成したファイルの内容が保存されます。
　前回保存した内容は上書きされてなくなりますので、ファイル名を付ける時は気をつけましょう。

新しい図面を用意する（新規作成）

　AutoCAD を起動すると、「スタート」タブが表示されます。「新規作成」をクリックして「acadiso.dwt」を選択すると新しい画面が用意されます。以下の方法でも新規図面を作成することができます。

1. コマンドを選択

方法 1. ダイアログボックスを表示せずに作成
・ファイルタブの「新規図面」 + をクリック
・スタートタブの「新規作成」をクリック

方法 2. テンプレートから選んで作成
・クイックアクセスツールバーの「クイック新規作成」ボタン □ をクリック
・アプリケーションボタン ^A CAD^ から「新規作成」を選択
ダイアログボックスでテンプレートを選択します。
「acadiso.dwt」が選択された状態で「開く」をクリックすると、新しい図面が表示されます。

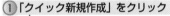
① 「クイック新規作成」をクリック

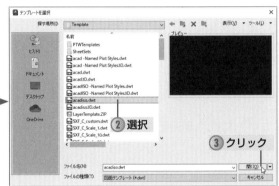
② 選択
③ クリック

※ acadiso.dwt は、メートル単位、ISO 寸法設定、色従属印刷スタイルを使用して図面を作成します。

④ 新規図面が表示される

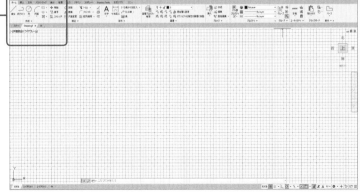

HINT & TIPS

新規図面のファイル名とファイルの表示方法

最初に作成した新規図面には「Drawing1.dwg」というファイル名が仮に付けられます。次に「新規作成」コマンドで新しく図面を用意すると「Drawing2.dwg」というファイル名が付けられ、前のファイルの上に表示されます。仮のファイル名は新規作成するたびに最後の数値が大きくなっていきます。

これらのファイル名は自分で名前を付けて保存するまで他の図面と識別するために使われ、画面上部のタイトルバーに表示されます。

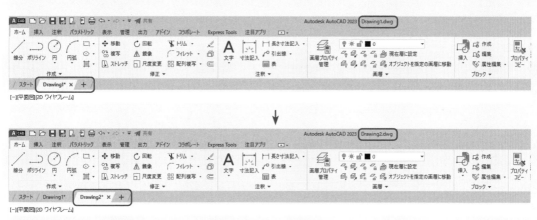

新規ファイルを追加すると、「Drawing2.dwg」というファイル名が自動的に付けられる。

複数のファイルを開いている場合は「表示」タブの「インタフェース」パネルから「ウィンドウ切替え」ボタンをクリックし、ファイル名を選択すると選択したファイルが一番上に表示されます。

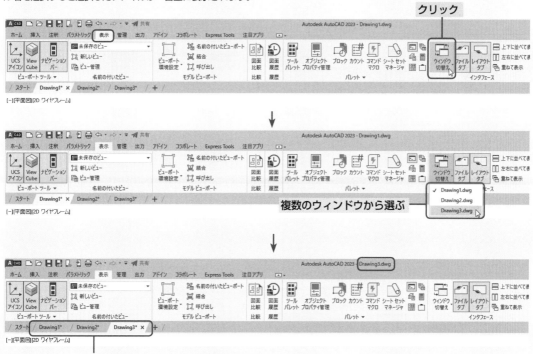

※ファイルタブのファイル名をクリックし変更することもできます。

図面に名前を付けて保存する

　新規に作成した図面は、名前を付けてパソコン内に保存しておけば、いつで
も開いて編集することができます。

1. コマンドを選択

クイックアクセスツールバーの「名前を付けて保存」
ボタン🖫を選択します。

その他の方法

アプリケーションボタン🅰CADをクリックし、「名前を
付けて保存」を選択します。

① クリック
① クリック
② 選択

2. 図面の保存先を指定

「図面に名前を付けて保存」ダイアログボックスが表
示されます。
ダイアログボックスの左側に表示されたフォルダのボ
タンで保存する場所（ドライブやフォルダ、お気に入
りなど）を選択します。

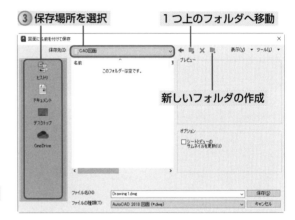

③ 保存場所を選択　　　１つ上のフォルダへ移動

新しいフォルダの作成

3. ファイル名を入力する

1.「ファイル名」の右横にある白い入力ボックスをク
リックし、キーボードからファイル名を入力します（拡
張子は不要、自動的に付きます）。

2. 最後に「保存」ボタンをクリックします。

④ ファイル名をキーボードから入力する

入力した状態　　⑤ クリックする

ファイル名の表示

作図ウィンドウのタイトルバーに入力したファイル名が表示されます。

ファイル名の表示

ファイルの場所（パス）

ファイルのウィンドウを閉じる

作図を終え、図面ウィンドウを閉じたいときは、図面の右端にある「閉じる」ボタン⊠をクリックします。

1. 「閉じる」ボタン⊠をクリック

クリック

その他の方法

アプリケーションボタン をクリックし、「閉じる」を選択します。
開いているすべての図面を閉じる場合は、右側のメニューから「すべての図面」を選択します。

① クリック

② クリック

既存のファイルを開く

保存されている図面ファイルを再び開いて編集するには、「開く」ボタン
📂を使います。

① クリック

1.「開く」ボタンをクリック

クイックアクセスツールバーの「開く」ボタン
📂をクリックします。

その他の方法

アプリケーションボタン🅰ᴄᴬᴰをクリックし、「開く」を
選択します。
また、アプリケーションボタン🅰ᴄᴬᴰやスタート画面の
「最近使用したドキュメント」から選択することもで
きます。

最近使用したドキュメント

① 選択

2. 探す場所の指定

「ファイルを選択」ダイアログボックスの「探す場所」
で図面を保存した時に「保存先」に指定したフォルダ
を選択します。

3. ファイルの指定

開きたい図面のファイル名をクリックします。

4.「開く」ボタンをクリック

「開く」ボタンをクリックします。

② フォルダを選択

③ ファイルをクリックして選択

④ クリック

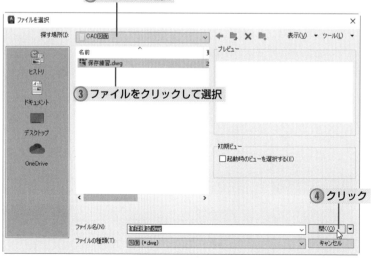

上書き保存をする

「上書き保存」は、一度、名前を付けて保存したファイルをさらに編集した場合、同じファイルに上書きするかたちで保存する方法です。

「上書き保存」ボタン🖫をクリック

クイックアクセスツールバーの「上書き保存」ボタン🖫をクリックします。

クリック

その他の方法

アプリケーションボタン🅰CADをクリックし、「上書き保存」を選択します。
ショートカット（Ctrlキーを押しながらSキー）を覚えましょう。

不要なファイルを削除する（「開く」コマンドから）

1. コマンドの選択

クイックアクセスツールバーの「開く」ボタン🗁をクリックします。

①クリック

その他の方法

アプリケーションボタン🅰CADをクリックし、「開く」を選択します。

①選択

2. ファイルの場所の指定

「ファイルを選択」ダイアログボックスの「探す場所」で、図面を保存した時に「保存先」に指定したフォルダを選択します。

3. ファイルの指定

削除したいファイルのファイルをクリックします。

4. 削除する

「削除」ボタン⊠をクリックします。

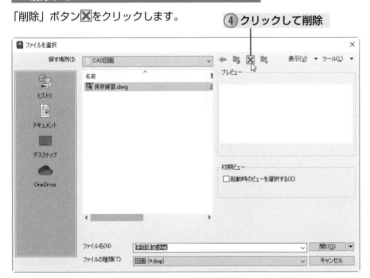

※「ファイルの削除」ダイアログボックスが表示される場合は「はい」ボタンをクリックします。

HINT & TIPS

「ごみ箱」アイコンにドラッグして削除する

ファイルの削除は、Windowsのファイルがあるフォルダでファ
イルアイコンを選択し、デスクトップの「ごみ箱」アイコンにド
ラッグして重ねる方法もあります。

5. ダイアログボックスを閉じる

「キャンセル」ボタンをクリックして、「ファイルを選
択」ダイアログボックスを閉じます。

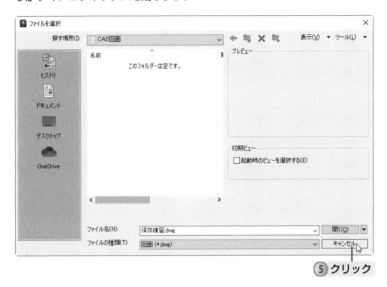

⑤ クリック

HINT & TIPS

エラーメッセージが表示されたら

削除しようとしているファイルを開いている可能性があります。使用しているファイルは
削除できないので、ファイルが閉じているのを確認してから削除作業を行いましょう。

HINT & TIPS

Web およびモバイルに図面を保存する

AutoCAD ではクラウド上に図面を保存することができます。AutoCAD Web およびモバイルに図面を保存すると、インターネット経由で、Web ブラウザやモバイルアプリを使用して、それらの図面にアクセスできるようになります。

AutoCAD Web およびモバイルに保存するには

1. アプリケーションボタン をクリックし、「名前を付けて保存」から「AutoCAD Web およびモバイルへの図面」を選択します。

2. 「AutoCAD Web およびモバイルに保存」ダイアログボックスが表示されます。
またはクイックアクセスツールバーの「Web およびモバイルに保存」 をクリックします。
ファイル名を入力し、「保存」ボタンをクリックします。

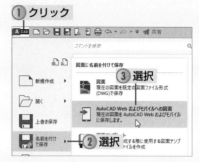

AutoCAD Web およびモバイルから開くには

1. アプリケーションボタン をクリックし、「開く」から「AutoCAD Web およびモバイルからの図面」を選択します。
またはクイックアクセスツールバーの「Web およびモバイルから開く」 をクリックします。

2. 「AutoCAD Web およびモバイルから開く」ダイアログボックスが表示されます。
ファイル名を選択し、「開く」ボタンをクリックします。

Web ブラウザからサインインして保存した図面を確認することができます（https://web.autocad.com）。

※利用するには、Autodesk アカウントの作成と［AutoCAD Web およびモバイルに保存］プラグインのインストールが必要です。最初に接続した際にインストール画面が表示されます。

図面を共有する

クイックアクセスツールバーの「共有」ボタン をクリックすると、外部参照を含む現在の図面のバージョンのコピーを共有します。リンクは 7 日間で期限切れになります。
ダイアログボックスの「プレビュー」をクリックすると、Web ブラウザに図面が表示されます。
「リンクをコピー」をクリックすると、コピーしたリンクをメールなどで共有し、リンクをクリックすると Web ブラウザに図面が表示されます。

PART 2
図形を描画する

Chapter2-1	AutoCAD 操作の基本ルール
Chapter2-2	直線を描く
Chapter2-3	円を描く
Chapter2-4	円弧を描く
Chapter2-5	図形を削除する
Chapter2-6	操作をやり直すには
Chapter2-7	画面表示の大きさを変える
Chapter2-8	四角形、正多角形、楕円を描く

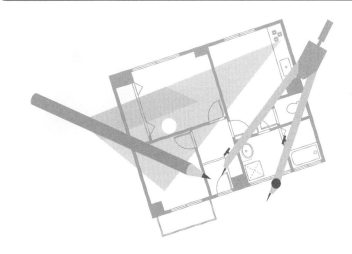

Chapter 2-1

AutoCAD 操作の基本ルール

コマンドを実行すると、AutoCAD は与えられた仕事をするために、次に行う操作について、ダイナミックプロンプトやコマンドラインにメッセージを表示します。作業中は、ダイナミックプロンプトやコマンドラインに表示されるメッセージを常に確認し、AutoCAD と対話しながら作業を進めていきましょう。

製図のコマンド指定の流れ

AutoCAD の製図は、

1 コマンドを選択する
2 「メッセージ」を確認する
3 次の操作を行う
4 コマンドを終了する

1. リボンのボタンをクリックする

2. コマンドを入力する

3. メニューで指定する

1. マウスで指示する

2. キーボードから入力する

という流れで作業を進めます。一度の操作で目的の仕事が終わらない場合は必要に応じて **2** と **3** の操作を繰り返し、最終的にコマンドを終了します。

コマンドとは

AutoCAD は基本的に、与えられた命令（線を描く、大きさを変更、移動する）どおりに仕事をします。AutoCAD を使いこなすには、私達はまずどんな仕事をさせるか命令を出さなくてはなりません。この命令のことを「コマンド」と呼びます。

コマンドの選択方法

コマンドの選択方法には次の方法があります（「線分」コマンドの場合）。

1. 「リボン」のアイコンをクリックして実行

「ホーム」タブの「作成」パネルで「線分」ボタン ／ をクリックします。

① クリック

2. キーボードからコマンドを入力して実行

キーボードから半角英字でコマンドを入力して実行します。

線分を引くコマンドは

line

または、

l（小文字のエル）

と入力すると、lを含むコマンドのリストが表示され、「L(LINE)」を選択した状態で Enter キーを押すか、マウスでクリックします。

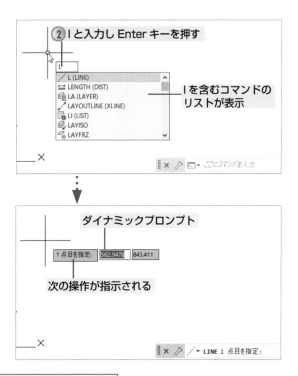

ボタン、コマンド入力のどちらの方法を使っても、同じようにコマンドを実行することができます。また、メニューバーやツールバーを表示し、コマンドを実行することもできます。

*メニューバーは、クイックアクセスツールバーをカスタマイズ（17ページ参照）のメニューから「メニューバーを表示」を選びます。
ツールバーは、表示したメニューバーの「ツール」メニューの「ツールバー」から表示したいツールバーを選びます。

メッセージの確認と操作

コマンドを実行すると、AutoCAD は与えられた仕事をするために、次に行う操作について「メッセージ」を表示します。作業中は「メッセージ」を常に確認し、AutoCAD と対話しながら作業を進めていきましょう。

メッセージは、画面の下に表示される「**コマンドライン**」とクロスヘアカーソル右側に表示される「**ダイナミックプロンプト**」で確認することができます。表示される内容は基本的に同じなので、どちらで確認してもかまいません。

本書では「ダイナミックプロンプト」を中心に説明します。

メッセージを確認したら、対応した操作をマウスまたはキーボードから実行します。

注）「ダイナミックプロンプト」はダイナミック入力が ON になっていないと表示されません。初期設定では、ON になっています。キーボードの F12 キーを押すと非表示になります。

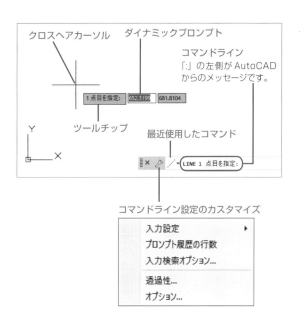

下図のような状態が AutoCAD のコマンド待ち状態です。

この状態の時に新しいコマンドを実行できます。前のコマンドを強制的に中止して、新しいコマンドを実行するにはキーボードから Esc キーを押すと、コマンド待ちの状態に戻ります。

コマンドの終了と終了方法

コマンドを一度実行したら最終的にはコマンドを終了しなくてはいけません。前のコマンドが終了して初めて次のコマンドが実行できるようになります。

コマンド実行後、必要な操作をすると自動的に終了するコマンドもありますが、そうでないコマンドもあります。

自分に必要な作業が終わっても、コマンドラインがコマンド待ちの状態に戻らずに次のメッセージが表示される場合は、手動でコマンドを終了しましょう。

終了方法は、作図領域で右クリックし、ショートカットメニューが表示されたら、「Enter」を選択します。

または、キーボードの Enter キーを押します。

その他のルール

AutoCAD には他にもルールがありますが、本書では製図をしながら、必要な場所で必要なルールの説明を行っていきます。

ショートカットメニュー

ショートカットメニューとは、作図領域でマウスの右ボタンをクリックした時に表示されるメニューのことです。

ショートカットメニューには、現在行っている作業に関係のあるメニューやよく使われるコマンドが表示されます。

Chapter 2-2

直線を描く

直線には始点と終点が必要です。始点と終点の位置をマウスでクリックまたは、キーボードから座標入力で指示しながら作業を進めましょう。
ここでは、「線分（LINE）コマンド」「直交モード」「座標入力（絶対座標）（相対座標）（極座標）」「オフセット（OFFSET）コマンド」の使い方を説明します。

※本書はグリッド表示「オフ」の状態で説明を行います（初期設定はオン）。
　グリッド表示を「オフ」にするにはキーボードのF7キーを1回押します。

連続した線を描く（line）

適当な位置に始点と終点を指示して連続した線を描いてみましょう。

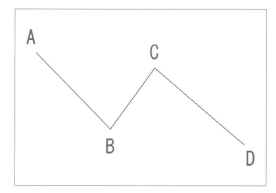

1. コマンドを選択

「ホーム」タブの「作成」パネルで「線分」ボタン⬛
をクリックします。

2. 始点を指示

直線の始点にしたい任意の位置（A点）をクリックします。

① 「線分」ボタンをクリック

② 始点 A をクリック

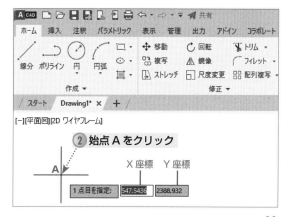

3. 終点を指示

直線の終点にしたい任意の位置（B点）をクリックします。

1 点目を指定：

`∷ ✕ 🔧 ╱▾ LINE 次の点を指定 または [元に戻す(U)]:`

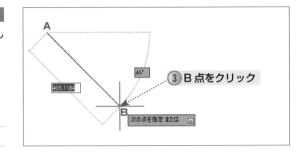

4. 次の終点を指示

次の終点にしたい任意の位置（C点）をクリックします。

1 点目を指定：
次の点を指定 または [元に戻す(U)]:

`∷ ✕ 🔧 ╱▾ LINE 次の点を指定 または [元に戻す(U)]:`

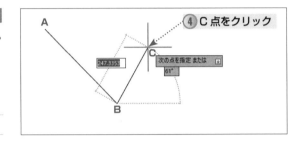

5. 次の終点を指示

次の終点にしたい任意の位置（D点）をクリックします。

1 点目を指定：
次の点を指定 または [元に戻す(U)]:
次の点を指定 または [元に戻す(U)]:

`∷ ✕ 🔧 ╱▾ LINE 次の点を指定 または [閉じる(C) 元に戻す(U)]:`

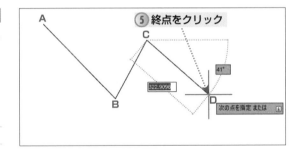

6. コマンドの終了

1. 作図領域内で右クリックしショートカットメニューを表示します。
2. ショートカットメニューから「Enter」を選択します。
3. コマンドが終了します。

`∷ ✕ 🔧 ▣▾ ここにコマンドを入力`

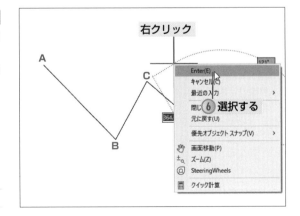

水平線・垂直線を描く（line+ 直交モード）

水平線・垂直線を描くには「直交モード」を使うと便利です。「直交モード」
を使って水平線ＡＢと垂直線ＣＤを描いてみましょう。

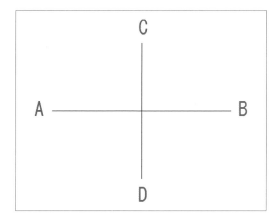

1. 直交モードに切り替える

ステータスバーの「直交モード」ボタン🔲をクリックしオンにします。または F8 キーを押します。

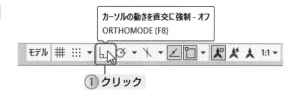

2. コマンドを選択

「ホーム」タブの「作成」パネルで「線分」ボタン⟋をクリックします。

3. 始点を指示

水平線の始点にしたい任意の位置（Ａ点）をクリックします。

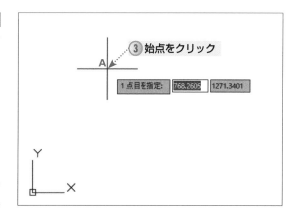

× 🔧 ⟋▾ LINE 1 点目を指定：

4. 終点を指示

水平線の終点にしたい任意の位置（B点）をクリックします。

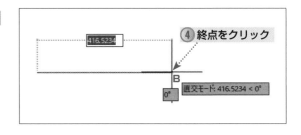
④ 終点をクリック

1 点目を指定：

✕ 🔧 ／▼ **LINE** 次の点を指定 または [元に戻す(U)]：

5. コマンドの終了

1. 作図領域内で右クリックしショートカットメニューを表示します。
2. ショートカットメニューから「Enter」をクリックして選択します。
（Enter キーを押してもコマンドが終了します）
3. コマンドが終了し水平線が描かれます。

右クリック

⑤ 選択する

✕ 🔧 ▶▼ ここにコマンドを入力

6. 前回と同じコマンド（線分）を使う

1. 作図領域内で右クリックします。
2. ショートカットメニューが表示されます。
3.「繰り返し (R)LINE」をクリックします。

右クリック
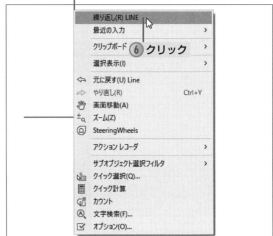
⑥ クリック

7. 始点を指示

垂直線の始点にしたい任意の位置（C点）をクリックします。

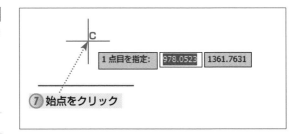
⑦ 始点をクリック

コマンド: LINE

✕ 🔧 ／▼ **LINE** 1 点目を指定：

8. 終点を指示

垂直線の終点にしたい任意の位置（D点）をクリックします。

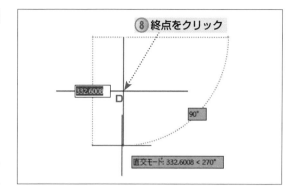

⑧ 終点をクリック

コマンド: LINE
1 点目を指定:

✕ 🔧 ✏ ▾ **LINE** 次の点を指定 または [元に戻す(U)]:

9. コマンドの終了

1. 作図領域内で右クリックしショートカットメニューを表示します。
2. 「Enter」を選択します。
3. コマンドが終了します。

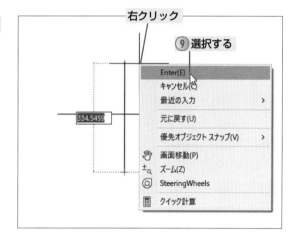

右クリック

⑨ 選択する

Enter(E)
キャンセル(C)
最近の入力 ＞
元に戻す(U)
優先オブジェクト スナップ(V) ＞
🖐 画面移動(P)
±🔍 ズーム(Z)
⊚ SteeringWheels
🎞 クイック計算

✕ 🔧 ▣▾ ここにコマンドを入力

HINT & TIPS

直交モード

「直交モード」ボタン🔲を1回クリックすると「直交モード」ボタン🔲が水色になり、オンになります。もう1回クリックすると「直交モード」ボタン🔲は元に戻り、オフになります。

直交モードがオンの時には、水平または、垂直の線しか描けません。自由な角度の線を描きたい場合は「直交モード」ボタン🔲をオフにしましょう。

直交モードはキーボードのF8キーを押してもオン／オフの切り替えができます。

カーソルの動きを直交に強制 - オフ
ORTHOMODE (F8)

覚えよう !! ～ 便利な機能1

◆グリッドを使う

グリッドは作図ウィンドウに一定の間隔で格子状の線や点を表示します。グリッドは作図の目安にするためのもので印刷はされません（初期状態は、ライングリッドが表示されています）。

グリッドを非表示にするには、ステータスバーの「作図グリッドを表示」ボタン⊞を一回クリックするとオフになります。もう1回クリックすると、オンになりグリッドが表示されます。

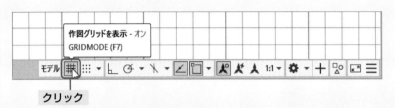

その他の方法

キーボードのF7キーを押すごとにグリッド表示のオン・オフを切り替えることができます。

◆スナップ

スナップは作図領域内のクロスヘアカーソルが、一定の間隔で動くように制限します。したがって、クロスヘアカーソルは自由な動きができなくなりますが、一定の長さの図形を作図する場合に利用すると便利です。間隔は、グリッドの間隔に合わせておくとわかりやすいでしょう。

スナップを使うには、ステータスバーの「スナップモード」ボタン⊞を1回クリックすると「スナップモード」ボタン⊞が青色になり、オンになります。もう1回クリックするとボタンは元に戻り、オフになります。

その他の方法

キーボードのF9キーを押すごとにスナップのオン・オフを切り替えることができます。

グリッドとスナップの間隔

グリッドとスナップの間隔を設定するには、ステータスバーの「スナップボタン」の右側 ▼ をクリックし、「スナップ設定」を選択します。

表示された「作図補助設定」ダイアログボックスの「スナップとグリッド」タブで間隔の設定が終わったら、「OK」ボタンをクリックし、設定を確定します。

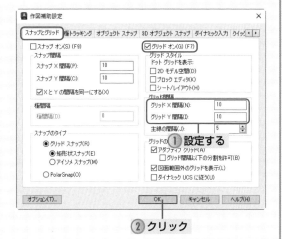

グリッドの間隔を設定するには

「グリッドオン」に ☑ が入っていることを確認し、「グリッドX間隔」「グリッドY間隔」を設定します。

スナップの間隔を設定するには

「スナップオン」に ☑ が入っていることを確認し、「スナップX間隔」「スナップY間隔」を設定します。

指定した長さ・角度の線を描く（line 座標入力）

　図面では、正確な図形を描くことが必要です。適当な位置で始点と終点をクリックするのでは、正確な図形は描けません。

　そこで AutoCAD では、正確な図形を描くために図形を図面上のどの位置に配置するか座標を使って指示します。

　座標の入力方法には絶対座標・相対座標・極座標の 3 通りがあります。

絶対座標で線を描く

　常に座標の原点（0,0）から見て、描きたい点がどれくらい離れているかを X 座標と Y 座標で入力します。

　初期設定では、左下が原点です。入力方法はキーボードからツールチップに以下のように入力し、Enter キーを押します。

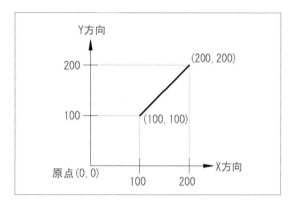

```
# X , Y
```

注）1点目の絶対座標は「#」の省略ができます。また、「ダイナミック入力」を利用せずに「コマンドライン」から絶対座標を入力する場合は「#」は必要ありません。

　絶対座標を使い、始点（100,100）、終点（200,200）の座標を持つ直線を描いてみましょう。

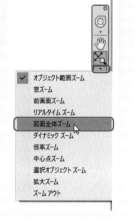

1. コマンドの入力

「ホーム」タブの「作成」パネルで「線分」ボタン ╱
をクリックします。

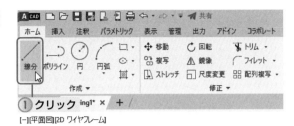

2. 始点の入力

キーボードから #100,100 と入力し、Enter キーを
押します。

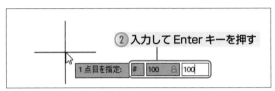

※ # はキーボードの Shift キーを押しながら数字の 3 キーを押します。

3. 終点の入力

キーボードから #200,200 と入力し、Enter キーを
押します。

4. コマンドの終了

Enter キーを押して、線分を確定します。

相対座標で線を描く

　直前に入力した点から見て、次に描きたい点がどれくらい離れているかをX
座標とY座標を使って入力します。

　入力方法はキーボードからツールチップまたはコマンドウィンドウに以下の
ように入力し、Enter キーを押します。

@ X , Y

注）相対座標を「ダイナミック入力」を利用してツールチップに入力する場合 @ は省略可能です。

@は「直前の点から…」ということを表しています。

　直前の点より右方向に描きたい場合、Xはプラスの数値を入力し、
左方向に描きたい場合はマイナスの数値を入力します。

　直前の点より上方向に描きたい場合、Yはプラスの数値を入力し、
下方向に描きたい場合はマイナスの数値を入力します。

　相対座標で、200 mmの長さの線を指定し四角形を描いてみましょ
う。

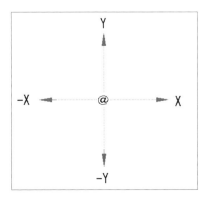

1. コマンドを選択

「ホーム」タブの「作成」パネルで「線分」ボタン◢
をクリックします。

① クリック

2. 始点を指示

始点にしたい任意の位置をクリックします。

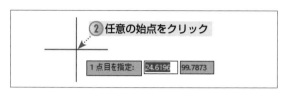

② 任意の始点をクリック

| 1 点目を指定： | 24.6196 | 99.7873 |

3. 次の点を指示

キーボードから、ツールチップに順番に入力します。

1. @ 200,0 と入力し、Enter キーを押します。

2. @ 0,200 と入力し、Enter キーを押します。

3. @ -200,0 と入力し、Enter キーを押します。

4. @ 0,-200 と入力し、Enter キーを押します。

③ 入力して Enter キーを押す

| 次の点を指定 または | @ | 200 | 0 |

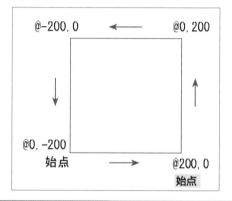

@-200, 0 ← @0, 200

@0, -200
始点

@200, 0
始点

4. コマンドの終了

キーボードの Enter キーを押して、線分を確定します。

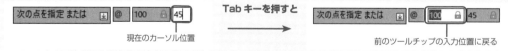

ここにコマンドを入力

HINT & TIPS

「ダイナミック入力」の修正について
ツールチップに入力中、入力の間違いに気づいたら、以下の方法で修正しましょう。

入力を全てキャンセルするには
キーボードの Esc キーを押します。

2 つ目のツールチップから 1 つ前のツールチップに戻るには
キーボードの Tab キーを押すたびに、もう一方のツールチップに移動できます。

| 次の点を指定 または | @ | 100 | 45 |

現在のカーソル位置

Tab キーを押すと →

| 次の点を指定 または | @ | 100 | 45 |

前のツールチップの入力位置に戻る

ツールチップが赤枠で表示されたら……
入力された値がルールに反しているので、Backspace キーか Delete キーで値を削除し、正しい値を入力し Enter キーを押します。

極座標で線を描く

　直前に入力した点から見て、次に描きたい点がどれくらい離れているかを距離（長さ）と角度（傾き）で入力します。

　入力方法はキーボードから以下のように入力し、Enter キーを押します。

@距離（長さ）＜角度（傾き）

注）極座標を「ダイナミック入力」を利用してツールチップに入力する場合 @ は省略可能です。

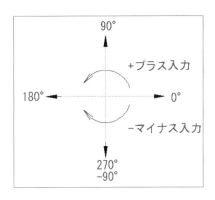

　角度はＸ軸の右方向を 0°として、反時計回りはプラスの角度を入力し、時計回りはマイナスの角度を入力します。

　極座標を使い、長さ 200 mm・角度 45°の直線を描いてみましょう。

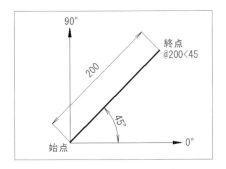

HINT & TIPS

長さの単位について

長さの入力は、キーボードから mm（ミリメートル）単位で入力します。10cm なら 100、1m の長さのものを描くには 1000 です。手書きで図面を描く場合は縮尺を考えて線を描きますが、AutoCAD では、実物の大きさをそのまま数値で入力します。

1. コマンドを選択

「ホーム」タブの「作成」パネルで「線分」ボタン ☑ をクリックします。

① クリック

2. 始点を指示

始点にしたい任意の位置をクリックします。

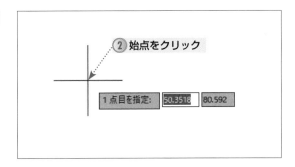

② 始点をクリック

1 点目を指定： 50.3518　80.592

3. 次の点を指示

キーボードから「@ 200＜45」と入力し、Enter キーを押します。

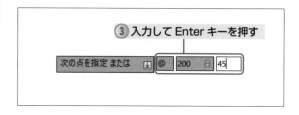

4. コマンドの終了

Enter キーを押して線分を確定します。

HINT & TIPS

座標入力を使わずに直線を描くには

ダイナミック入力使用時に始点位置をクリックし、クロスヘアカーソルの位置を始点から描きたい角度の方向へ移動します。描きたい角度が表示されている時にキーボードから直線の長さを入力し、Enter キーを押します。

角度 30°長さ 100m の直線

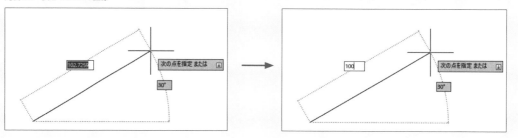

平行線を描く（offset）

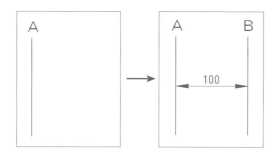

HINT & TIPS

オブジェクトとは

線・円・文字など、AutoCAD で描いた 1 つ 1 つの図形要素のことを指します。コマンドラインやダイナミックプロンプトのメッセージによく出てくる用語なので意味を覚えておきましょう。

　図面上にすでに描いてある直線 A を平行に複写して、同じ長さの直線 B を描きます。元の線からどれだけ離して複写するか距離を指定することができます。対象線 A から右側に 100 mm 離れた位置に直線 B を描いてみましょう。

1. コマンドを選択

「ホーム」タブの「修正」パネルで「オフセット」ボタン 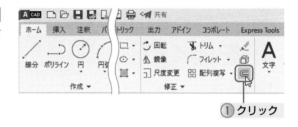 をクリックします。

2. 元の線から離したい間隔を入力

キーボードから 100 と入力し、Enter キーを押します。

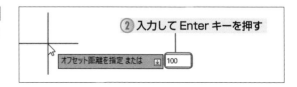

3. 平行複写（オフセット）したい元の線を選択

オフセットしたい直線Aをクリックします。

4. 元の線のどちら側に線を描くか指定

対象線をはさんで、どちら側をクリックするかで、描かれる直線Bの位置が変わるので、ここでは直線Aより右側にクロスヘアカーソルを移動して、クリックします。

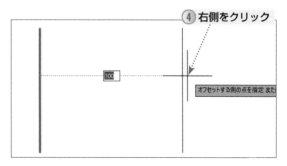

5. コマンドの終了

作図領域内で右クリックし、ショートカットメニューから「Enter」を選択します。

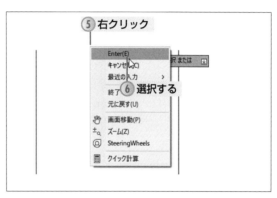

HINT & TIPS

同じ間隔で平行線を何本も連続して描きたい場合
オフセットのコマンドを終了せずに「3. 平行複写したい元の線を選択」と「4. 元の線のどちら側に線を描くか指定」の作業を必要な回数分続けます。

Chapter 2-3

円を描く

円を描く方法は、作図条件によって 6 通りの中から選択できます。描きたい円に合った方法を選択しましょう。本書では、代表的な「中心、半径」「3 点」「接点、接点、半径」の 3 つの方法について説明します。また、正確な点を指示するオブジェクトスナップ（OSNAP）の利用方法もマスターしましょう。

中心点と半径を指定して円を描く（circle）

半径 100 mm の円を描きます。

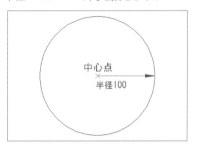

1. コマンドを選択

「ホーム」タブの「作成」パネルで「円」ボタン ⊙ の下にある ▼ をクリックし、「中心、半径」を選択します。

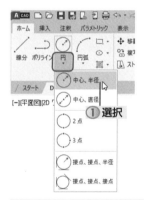

2. 中心点を指示

次に表示されたメッセージを確認し、中心点にしたい位置をクリックします。

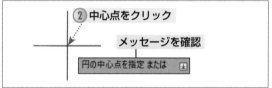

3. 半径の入力

次に表示されたメッセージを確認し、キーボードから半径の値を 100 と入力後、Enter キーを押します。

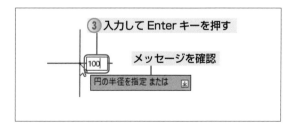

3 点を指定して円を描く（circle 3P）

A 点、B 点、C 点の 3 点を指定して円を描きます。

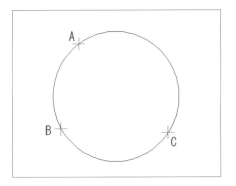

1. コマンドを選択

「ホーム」タブの「作成」パネルで「円」ボタン⊘の下にある ▾ をクリックし、「3 点」を選択します。

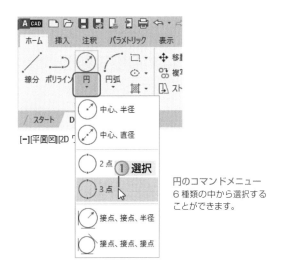

円のコマンドメニュー
6 種類の中から選択することができます。

2.1 点目を指示

次に表示されたメッセージを確認し、1 点目にしたい位置 A をクリックします。

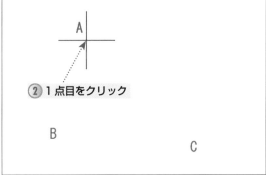

② 1 点目をクリック

メッセージを確認

円周上の 1 点目を指定:

3.2 点目を指示

2 点目にしたい位置 B をクリックします。

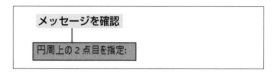

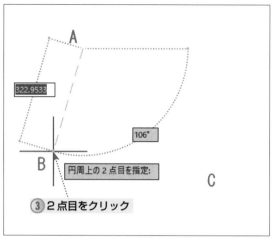

4.3 点目を指示

3 点目にしたい位置 C をクリックします。

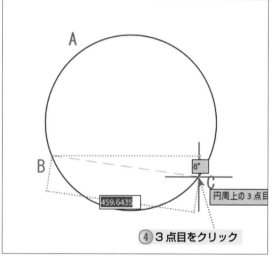

２つの図形に接する円の半径を指定して円を描く（circle ttr）

円Aと円Bに接する半径 180 mmの円Cを作図します。

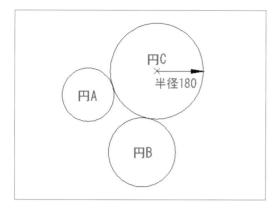

1. コマンドを選択

「ホーム」タブの「作成」パネルで「円」ボタン◯の下にある▼をクリックし、「接点、接点、半径」を選択します。

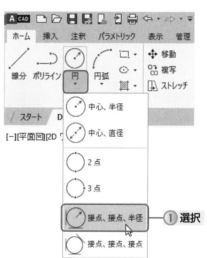

2. 接するオブジェクトを選択

描きたい円に接するオブジェット（円A）の円周上をクリックします。

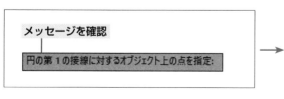

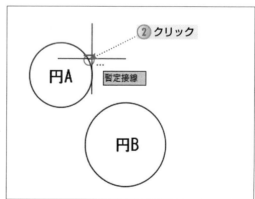

3. 接するオブジェクトを選択

描きたい円に接するオブジェト（円B）の円周上をク
リックします。

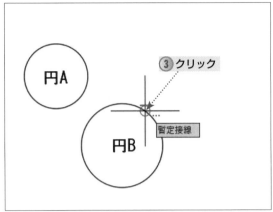

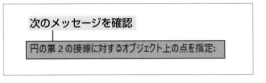

次のメッセージを確認

円の第2の接線に対するオブジェクト上の点を指定:

4. 円の半径を入力

キーボードから 180 と入力し、Enter キーを押しま
す。

メッセージを確認

円の半径を指定: 437.1149

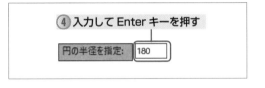

④ 入力して Enter キーを押す

円の半径を指定: 180

⚹ × 🔧 ☉▼ CIRCLE 円の半径を指定:

⚹ × 🔧 ▭▼ ここにコマンドを入力

覚えよう!!〜便利な機能2
◆オブジェクトスナップ（定常OSNAP）を使う

すでに作図してある図形の一点を正確にクリックすることは、目で確認しただけではうまくできません。画面上ではぴったりくっついているように見えても、実際はずれています。そのため、AutoCADにはすでに描いた図形の一点を正確にクリックするために「オブジェクトスナップ」という機能があります。

「オブジェクトスナップ」の機能を使うと、すでに描かれた図形の設定された点にマウスカーソルを近づけるとAutoSnapマーカーが表示されます。AutoSnapマーカーが表示されている時にクリックすると磁石がすいつくように、正確な点を拾うことができます。オブジェクトスナップ機能は、ステータスバーの「カーソルを2D参照点にスナップ（オブジェクトスナップ）」ボタン 🔲 を1回クリックすると線の部分が青色になり、オンになります。もう1回クリックするとボタンは元に戻り、オフになります。

クリック

オブジェクトスナップで設定できる点とAutoSnapマーカーの形は14種類です。オブジェクトスナップの設定を複数まとめて変更する操作は次のようになります。

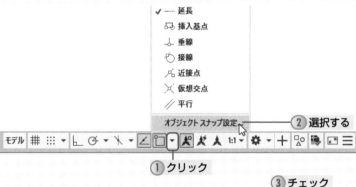

1. ステータスバーの「OSNAP」ボタン 🔲 の右側にある▼をクリックします。
2. 表示されたメニューから「オブジェクトスナップ設定」を選択します。
3. 「作図補助設定」ダイアログボックスの「オブジェクトスナップオン」のチェックボックスをクリックしてチェックマークを付けます。
4. 「オブジェクトスナップモード」で設定したい点のチェックボックスをクリックしてチェックマークを付けます（設定したくない点はクリックしてチェックマークをはずします）。
5. 「OK」ボタンをクリックします。

◆オブジェクトスナップで設定できる点

端点
線分・円弧の両端、矩形の角をとります。

中点
線分・円弧の中間点をとります。

中心
円・円弧・楕円・楕円弧の中心をとります。

図心
ポリゴン図形の図心をとります。

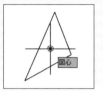

点
点図形をとります。

四半円点
円・円弧上の0°、90°、180°、270°方向にある4つの分割点をとります。

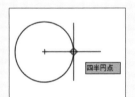 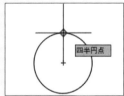 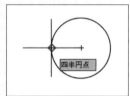 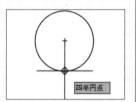

交点
2つの図形が交差している点をとります。

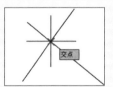

接線
ある点（A）から円・円弧に接する点をとります。

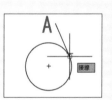

挿入基点
文字・ブロックの挿入基点をとります。

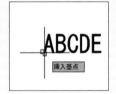

近接点
図形上のクリックした位置に最も近い点をとります。

垂線
ある点（A）から選択した図形に対して垂直に交わる点をとります。

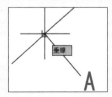

仮想交点
3D空間では交わっていないが、表示上交わっているように見える点をとります。

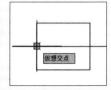

延長

直線または円弧の延長線を点線表示し延長線上の点をとります。

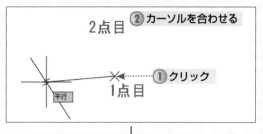

平行

直線の 1 点目を指定後にカーソルを合わせた直線に平行な線を点線で表示し、2 点目をとります。

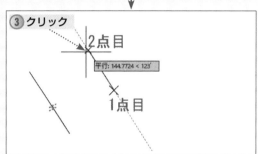

使用例）交点Aから円の中心に線分を描きます

オブジェクトスナップを使わずに描くと…
拡大するとずれている

オブジェクトスナップ（交点・中心）を使って描くと…
拡大してもぴったりとくっついている

Chapter 2-4

円弧を描く

円弧を描く方法は、11 通りあります。描きたい円弧に合った方法を選択しましょう。
本書では、代表的な「3 点」「始点、中心、終点」「始点、中心、角度」の 3 つの方法について説明します。
円弧の描かれる方向について理解しましょう。

3 点を指定して円弧を描く（arc）

円弧の始点Ａ、通過点Ｂ、終点Ｃの 3 点を指示して円弧ＡＢＣを描きます。

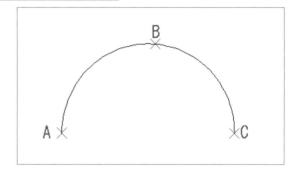

1. コマンドを選択

「ホーム」タブの「作成」パネルで「円弧」ボタン⌒の下にある▾をクリックし「3 点」を選択します。

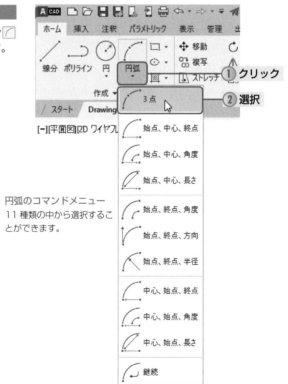

円弧のコマンドメニュー
11 種類の中から選択することができます。

2. 始点を指示

始点にしたい位置Aをクリックします。

円弧の始点を指定 または ⬇

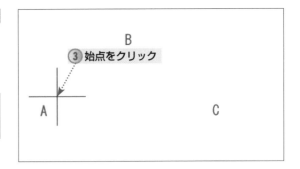

3. 通過点を指示

通過点にしたい位置Bをクリックします。

円弧の2点目を指定 または ⬇

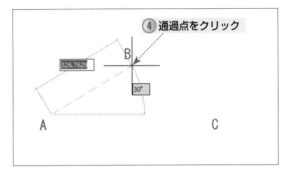

4. 終点を指示

終点にしたい位置Cをクリックします。

円弧の終点を指定:

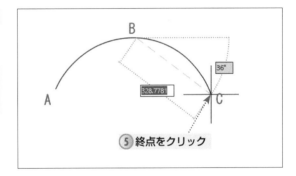

始点・中心・終点を指定して円弧を描く（arc）

円弧の始点・中心・終点を指示して円弧を描きます。
円弧は始点から終点へ反時計回りに作図されます。

1. コマンドを選択

「ホーム」タブの「作成」パネルで「円弧」ボタン⌒
の下にある▼をクリックし、「始点、中心、終点」を
選択します。

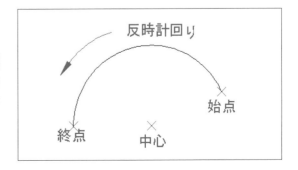

2. 始点を指示

始点にしたい位置をクリックします。

円弧の始点を指定 または　　⤓

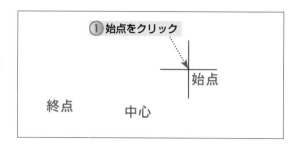

3. 中心を指示

中心にしたい位置をクリックします。

円弧の中心点を指定:

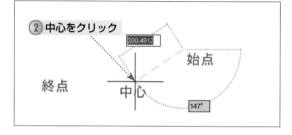

4. 終点を指示

終点にしたい位置をクリックします。

円弧の終点を指定(方向を切り替えるには [Ctrl] を押す) または　　⤓

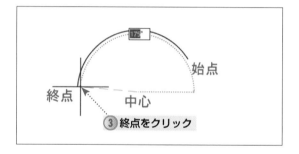

HINT & TIPS

始点から時計回りに円弧を作成する場合
キーボードの Ctrl キーを押しながら終点にしたい位置をク
リックすると、始点から時計まわりの方向に円弧を描くこと
ができます。

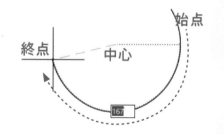

始点・中心・角度を指定して円弧を描く（arc）

円弧の始点・中心・角度（60°）を指示して円弧を描きます。

1. コマンドを選択

「ホーム」タブの「作成」パネルで「円弧」ボタン ⌒ の下にある ▾ をクリックし、「始点、中心、角度」を選択します。

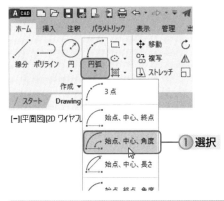

① 選択

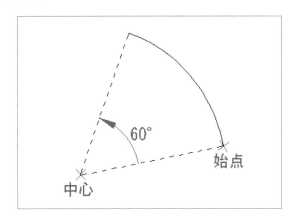

60°
始点
中心

2. 始点を指示

始点にしたい位置をクリックします。

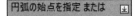

円弧の始点を指定 または ⬇

② 始点をクリック
始点
中心

3. 中心点を指示

中心にしたい位置をクリックします。

円弧の中心点を指定:

③ 中心をクリック
始点
中心
358.2157 < 194°

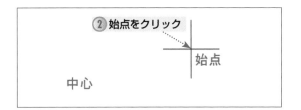

4. 円弧の角度を指示

キーボードから 60 と入力し、Enter キーを押します。

中心角を指定(方向を切り替えるには［Ctrl］を押す):

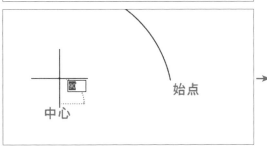

始点
中心

④ 入力して Enter キーを押す
60
始点
中心

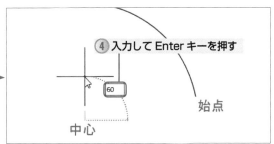

Chapter 2-5

図形を削除する

図形（オブジェクト）を削除するには、削除するオブジェクトを選択する必要があります。オブジェクトの選択方法には、1つずつ選択する方法と、複数の図形をまとめて選択する方法の2通りがあります。

図形要素を 1 つずつ削除する（erase）

線分ＡＢを削除します。

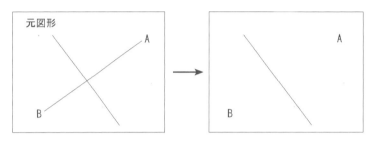

元図形

HINT & TIPS

前回のコマンドを繰り返す
コマンド終了後、同じコマンドを使う場合は作図領域で右クリックをします。ショートカットメニューが表示されたら、一番上の前回のコマンド名をクリックします。

① 右クリック
② 選択

1. コマンドを選択

「ホーム」タブの「修正」パネルで「削除」ボタン ✐ をクリックします。

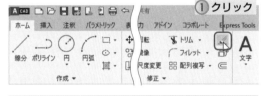

① クリック

2. オブジェクトを選択

線分 AB をクリックすると、オブジェクトが選択されます。

② クリック
オブジェクトを選択:

3. 削除を確定する

右クリックすると、選択したオブジェクトが削除されます。

その他の方法
キーボードの Enter キーを押します。

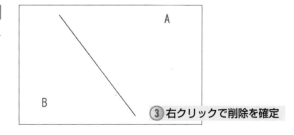

③ 右クリックで削除を確定

図形をまとめて削除する（erase）

削除したいオブジェクトを窓（四角）で囲みます。窓を左側（A）から右側（B）へ指示した場合は、ブルーの窓に全体が囲まれたオブジェクトだけが選択されます。窓を右側（B）から左側（A）へ指示した場合は、グリーンの窓に一部が囲まれたオブジェクトは全て選択されます。2通りの方法でオブジェクトを選択し、削除してみましょう。

左から右へ指示（A → B）

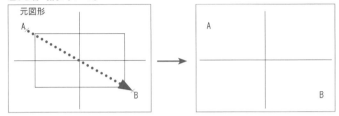

1. コマンドを選択

「ホーム」タブの「修正」パネルで「削除」ボタン ✎ をクリックします。

2. オブジェクトの左上をクリック

Aの位置（対象オブジェクトの左側）でクリックします。

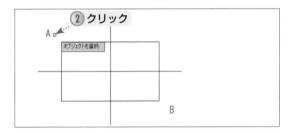

3. オブジェクトの右下をクリック

Bの位置（対象オブジェクトの右側）でクリックします。

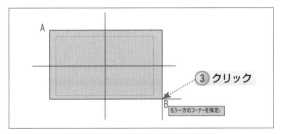

4. オブジェクトが選択される

ブルーの窓に全体が囲まれたオブジェクトが選択されます。

5. 削除を確定する

右クリックすると、選択したオブジェクトが削除されます。
その他の方法
キーボードの Enter キーを押します。

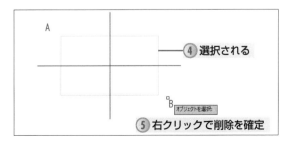

右から左へ指示（B → A）

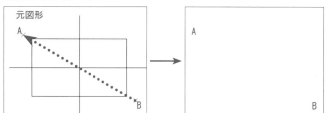

元図形

A

B

A

B

画面右上の説明図

HINT & TIPS

オブジェクトの選択は共通操作
オブジェクトの選択方法は、削除コマンドだけでなく、編集対象を選択する他のコマンドでも共通の方法です。

---

1. コマンドを選択

「ホーム」タブの「修正」パネルで「削除」ボタン 🖍
をクリックします。

① クリック

---

2. オブジェクトの右下でクリック

Bの位置（対象オブジェクトの右側）でクリックします。

② クリック

オブジェクトを選択:

---

3. オブジェクトの左上でクリック

Aの位置（対象オブジェクトの左側）でクリックします。

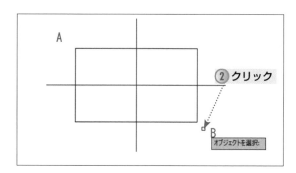

③ クリック

もう一方のコーナーを指定:

---

4. オブジェクトが選択される

グリーンの窓に一部分でも囲まれたオブジェクトが選択されます。

---

5. 削除を確定する

1. 右クリックをします。
2. 選択したオブジェクトが削除されます。

その他の方法
キーボードの Enter キーを押します。

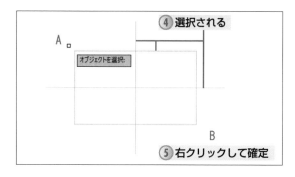

④ 選択される

オブジェクトを選択:

⑤ 右クリックして確定

HINT & TIPS

誤って選択した場合は？
削除したくない図形を誤って選択してしまった場合は確定する前に、キーボードの Shift キーを押しながら除外する図形をクリックすると選択が解除されます。

Chapter 2-6

操作をやり直すには

作図中に、間違った操作をしてしまった場合には、操作を元に戻すことができます。また、元に戻した操作を復活することもできます。

直前の操作を元に戻す（undo）

直前に行った操作が間違っていた場合に、クイックアクセスツールバーのボタンで操作を取り消したり、1つ前の操作状態に戻ることができます。

クリック

コマンドの選択

クイックアクセスツールバーの「元に戻す」ボタン
⇦ をクリックします。

その他の方法
キーボードからuと入力し、Enter キーを押します。

元に戻した操作を復活させる（redo）

取り消した操作を再び元に戻すことができます。

クリック

コマンドの選択

クイックアクセスツールバーの「やり直し」ボタン
⇨ をクリックします。

その他の方法
キーボードからredoと入力し、Enter キーを押します。

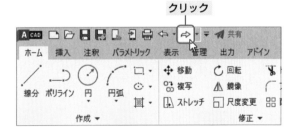

操作を中断する（コマンド実行途中に強制的にコマンドを終了する場合）

キーボードの Esc キーを押す

コマンドラインがコマンド待ちの状態に戻ります。

✕ 🔧 ▣▾ ここにコマンドを入力   ▲

Chapter 2-7

画面表示の大きさを変える

AutoCAD は、基本的に実物と同じ大きさで作図を行います。実物大の図全体を表示させようとすると、ディスプレイ（画面）の大きさは限られているため、小さく表示されます。画面表示が小さいと細かい部分の作図を行うのに、見づらくなったり、選択したいオブジェクトが選択できない場合がありますが、ズーム機能を使うと画面に表示する大きさを変えることができます。

指定した部分を拡大表示する（zoom w）

拡大したいオブジェクトを窓（四角）で囲みます。窓に囲まれた部分が拡大表示されます。円の部分を拡大表示させてみましょう。

1. コマンドを選択

ナビゲーションバーの ▼ をクリックしてメニューから「窓ズーム」を選択します。

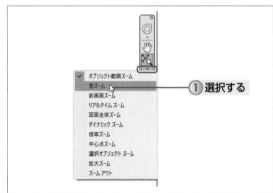

① 選択する

2. 最初のコーナーを指定

拡大したいオブジェクトを囲む窓の 1 点目にする位置（A点）でクリックします。

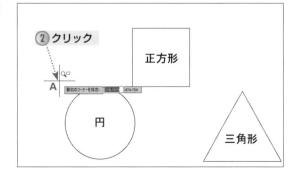

② クリック

最初のコーナーを指定:

3. もう一方のコーナーを指定

拡大したいオブジェクトを囲む位置（B点）でクリックします。

もう一方のコーナーを指定:

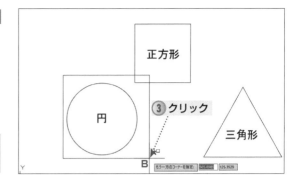

画面を移動する（pan）

画面の表示倍率を変えずにオブジェクトの表示位置を移動させます。手で紙をずらすイメージで使います。拡大した円を画面の左下に移動してみましょう。

1. コマンドを選択

ナビゲーションバーの「画面移動」ボタンをクリックします。

マウスカーソルが手の形に変わります。

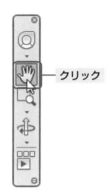

クリック

2. 画面を移動する

円の上で左ボタンを押したままマウスを左下に移動させ、左ボタンをはなします。

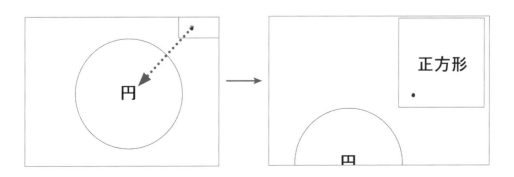

3. コマンドの終了

キーボードの Enter キーを押すか、右クリックし、ショートカットメニューから「終了」を選択します。

図面全体を表示するには（zoom all）

図面全体を画面上に表示させます。

1. コマンドを選択する

ナビゲーションバーの ▼ をクリックしてメニューから「図面全体ズーム」を選択します。

選択する

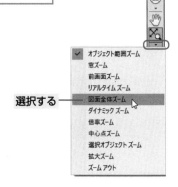

表示状態を戻す（zoom p）

拡大表示を繰り返して行った時に、クリックするたびに 1 つ前の表示状態に戻します。

1. コマンドを選択

ナビゲーションバーの ▼ をクリックしてメニューから「前画面ズーム」を選択します。

選択する

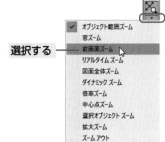

リアルタイムズーム（zoom）

マウスの動きに合わせてズーム倍率が変化します。マウスを上に移動すると拡大表示、下に移動すると縮小表示されます。

1. コマンドを選択

ナビゲーションバーの ▼ をクリックしてメニューから「リアルタイムズーム」を選択します。

選択する

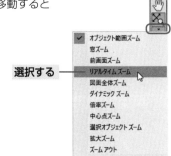

2. マウスの移動

作図領域でマウスの左ボタンを押したまま上（縮小の場合は下）に移動してボタンをはなします。

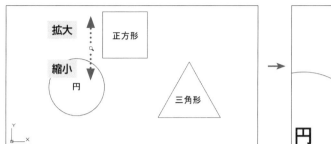 

3. コマンドの終了

右クリックしショートカットメニューから「終了」を選択し、キーボードの Esc キーを押します。

その他のズーム

ショートカットメニューから実行する

1. 作図領域内で右クリックします。

2. ショートカットメニューから「ズーム」を選択します。

3. 右クリックし、「窓ズーム」をクリックします。

4. 拡大したい図形を囲むようにドラッグします。

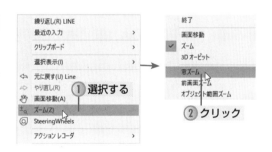

「2D ホイール」を選択する

1. ナビゲーションバーのホイールの ▾ をクリックしてメニューから「2D ホイール」を選択します。

2. ホイールが表示されます。「ズーム」「戻る」「画面移動」のいずれかをクリックし、コマンドを実行します。「ズーム」はクリックした位置を中心に図形が拡大／縮小されます。

※ 2D ホイールを終了するには、右クリックし、「ホイールを閉じる」を選択するか、右上の「×」をクリックします。

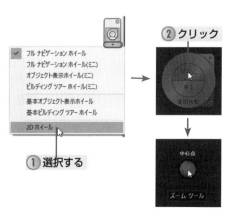

「カスタマイズ」ボタンを使う

ナビゲーションバーの「カスタマイズ」ボタンのメ
ニューのチェックのオン・オフでナビゲーションバー
に表示させるボタンを変更できます。

クリックして
メニューから選ぶ

View Cube で視点の変更

View Cube では、図面表示の視点を変更することができます。

2D 図面では、図形に高さの情報がないので、上から図形を見ている状態で
表示し作業します。

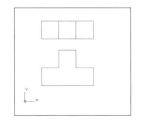

南東の角をクリックすると、右上からの視点に切り替わります。

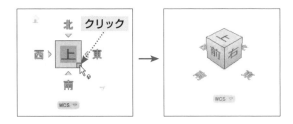

View Cube は 2D 図面の作図では使用する機会があまりないので、非表示
にすると、作業領域が広く使用できます。

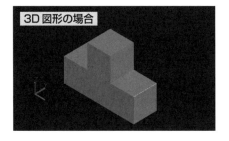

2D 図形の場合

3D 図形の場合

HINT & TIPS

ナビゲーションバーや View Cube の表示・非表示

ナビゲーションバーや View Cube は「表示」タブの「ビューポートツール」パネルから表示、非表示の切り替えができます。

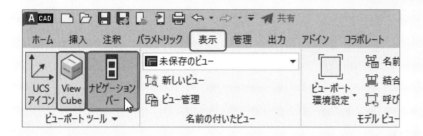

HINT & TIPS

ビューポートコントロール

作図領域の左上に表示されている「ビューポートコントロール」は、複雑な図面や 3D 図形の編集をする時に役立ちます。
各項目から、表示に関するメニューにアクセスし、画面を分割したり表示方法を変更できます。

[-][平面図] [2D ワイヤフレーム]

- 表示スタイルコントロール
- ビューコントロール
- ビューポートコントロール

ビューポートコントロール

ビューポートを変更できます。
分割したビューポートでは、それぞれ異なる表示倍率で表示できます。

※分割すると、[-] は [+] 表示に変わります。

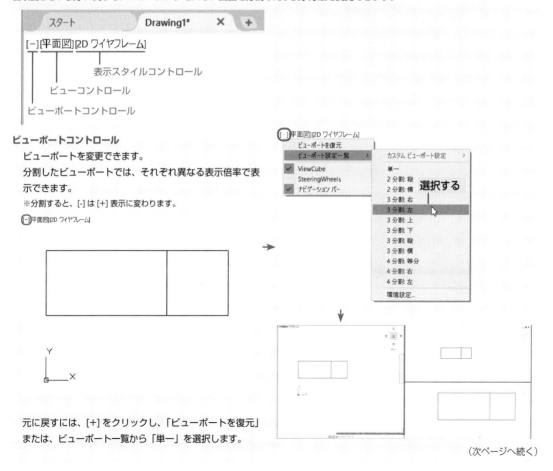

元に戻すには、[+] をクリックし、「ビューポートを復元」
または、ビューポート一覧から「単一」を選択します。

（次ページへ続く）

ビューコントロール

3D 空間の視点を変更できます。視点を変更すると View Cube の視点も変更されます。

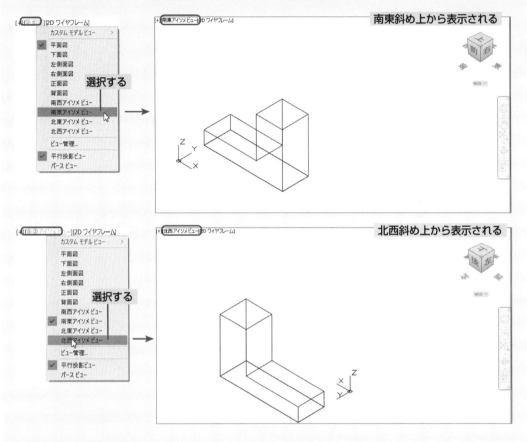

南東斜め上から表示される

北西斜め上から表示される

表示スタイルコントロール

3D の表示スタイルを変更できます（279 ページ参照）。

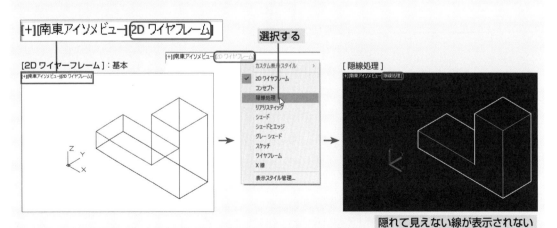

隠れて見えない線が表示されない

Chapter 2-8

四角形、正多角形、楕円を描く

直線、円、円弧などの描画、削除やグリッドなどの使い方を覚えてきましたが、次は、四角形、正多角形、楕円など基本的な図形の作図方法について説明します。ダイナミック入力やコマンドラインからオプションを選択する方法についても覚えましょう。

四角形を描く（rectang）

四角形を描くには「長方形（RECTANG）」コマンドを使用します。描画方法には次の2通りの方法があります。

1.1 点目と対角の2点をマウス指示して描く方法
2.長方形の長さと幅をキーボードから入力しサイズを指定して描く方法

それぞれの方法について説明します。

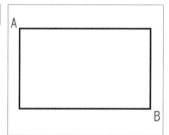

2点を指示して四角形を描く

① クリック

1. コマンドを選択
「ホーム」タブの「作成」パネルで「長方形」ボタン □をクリックします。

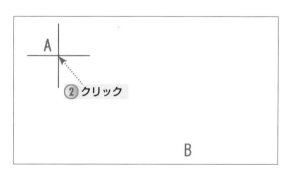

2. 一方のコーナーを指定
四角形の左上にしたい位置（A点）でクリックします。

一方のコーナーを指定 または ⬇

3. もう一方のコーナーを指定
四角形の右下にしたい位置（B点）でクリックします。

もう一方のコーナーを指定 または ⬇

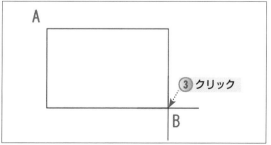

HINT & TIPS

コーナーを指定する順番
コーナーを指定する順番は必ずしも「左上→右下」である必要はありません。「右下→左上」「右上→左下」「左下→右上」でも描くことができます。

長さを指定して四角形を描く

横辺 250mm、縦辺 100mm の長方形を描いてみましょう。

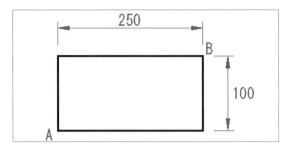

1. コマンドを選択

「ホーム」タブの「作成」パネルで「長方形」ボタン □ をクリックします。

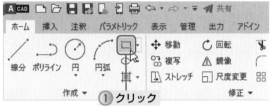

2. 一方のコーナーを指定

四角形の左下にしたい位置（A点）でクリックします。

3. オプションの選択

キーボードの↓キーを3回押して「サイズ (D)」の頭に●印がついたら Enter キーを押します。

その他の方法
コマンドラインの「サイズ (D)」をマウスでクリックします。

4. 長方形の長さを指定

キーボードから 250 と、長方形の横辺の長さを入力し、Enter キーを押します。

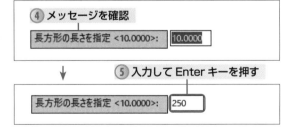

5. 長方形の幅を指定

キーボードから 100 と、長方形の縦辺の長さを入力し、Enter キーを押します。

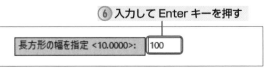

6. もう一方のコーナーを指定

長方形の位置は最初に指定した位置（A点）を中心として下図の①から④の4ヶ所から選択できます。

> もう一方のコーナーを指定 または　⬇

マウスを移動して、クリックする位置によって描かれる位置が決まります。ここではB点でクリックします。

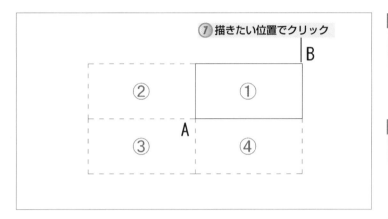

⑦ **描きたい位置でクリック**

HINT & TIPS

相対座標で描く
B点の指定はマウスで指示する他に、A点からの相対座標をキーボードから入力することもできます。

HINT & TIPS

便利な2点指示の描画方法
2点を指示して四角形を描く方法は、大きさがわかっていなくても四角形を描くことができるので便利です。図面上に目安にする点があればオブジェクトスナップを使い、2点を指示しましょう。

正多角形（ポリゴン）を描く（polygon）

　正多角形を描くには「ポリゴン（POLYGON）」コマンドを使用します。図形が内接（または外接）する円の半径を指定して描く方法と、1辺の長さを指定して描く方法について説明します。

内接（または外接）する円を指定して描く

　円に内接する場合と外接する場合では、正多角形の大きさが違います。半径100mmの円に内接する正五角形を描いてみましょう。

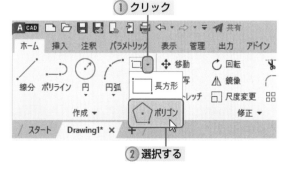

R100　R100

A

内接　　　　　外接

1. コマンドを選択

「ホーム」タブの「作成」パネルで「長方形」ボタンの右にある⬝をクリックし、「ポリゴン」ボタン⬠を選択します。

① **クリック**

ホーム　挿入　注釈　パラメトリック　表示　管理　出力　アドイン

線分　ポリライン　円　円弧　　長方形　ポリゴン　移動　回転　鏡像　ストレッチ　尺度変更

作成 ▼　　　修正 ▼

スタート　Drawing1* ×

② **選択する**

2. エッジの数を入力

辺の数（何角形を描くか）を入力します。
キーボードから5と入力して Enter キーを押します。

3. ポリゴンの中心を指定

多角形の中心にしたい位置（A点）をクリックします。

4. オプションを選択

「内接 (I)」をクリックします。

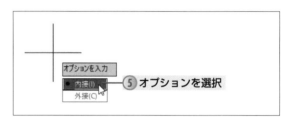

5. 円の半径を指定

キーボードから 100 と入力し、Enter キーを押します。

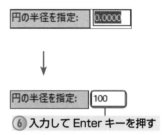

HINT & TIPS

オプションの選択方法
オプションは、ダイナミックプロンプトから選択する方法とコマンドラインから選択する方法があります。

ダイナミックプロンプト
キーボードの↓キーを押して、オプションのメニューを表示しマウスでクリックします。

コマンドライン
マウスで、オプション名をクリックして選択します。「サイズ」の場合「D」キーを押しても選択できます。

浮動コマンドライン

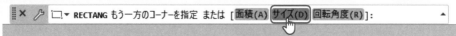

一辺の長さを指定して正多角形を描く

一辺が 120mm の正六角形を描いてみましょう。

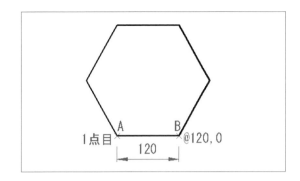

1. コマンドを選択

「ホーム」タブの「作成」パネルで「長方形」ボタンの右にある・をクリックし、「ポリゴン」ボタン ⬠ をクリックします。

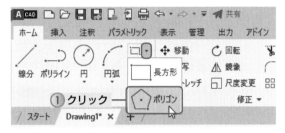

① クリック

2. エッジの数を入力

辺の数（何角形を描くか）をツールチップに入力します。キーボードから 6 と入力し、Enter キーを押します。

② 入力して Enter キーを押す

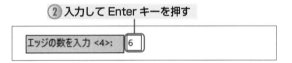

エッジの数を入力 <4>: 6

3. オプションの選択

中心の指定ではなく、エッジ（一辺）の長さを入力するので、コマンドラインの「エッジ (E)」オプションをクリックします。

POLYGON ポリゴンの中心を指定 または [エッジ(E)]:

③ クリック

4. エッジの 1 点目を指定

エッジの 1 点目にしたい位置（A 点）でクリックします。

エッジの 1 点目を指定:

④ クリック

5. エッジの 2 点目を指定

エッジの 2 点目にしたい位置（B 点）を 1 点目（A 点）からみた相対座標で入力します。
キーボードから @ 120,0 と入力し、Enter キーを押します。

※ダイナミック入力では相対座標の先頭の@を省略することもできます。

⑤ 入力して Enter キーを押す

エッジの 2 点目を指定: @ 120 🔒 0

図形を分解して辺を削除する（explode）

「長方形」、「ポリゴン」コマンドで描いた図形はポリライン図形です。

ポリライン図形は、図形を構成している要素（線1本1本）をまとめて1要素として扱うので要素数の節約になります。しかし、図形を構成している線1本だけを編集することができません。

1本1本の線として扱えるようにするには分解する必要があります。分解するとそれぞれが別々の要素となり編集できるようになります。

正五角形を分解して辺ABを削除してみましょう。

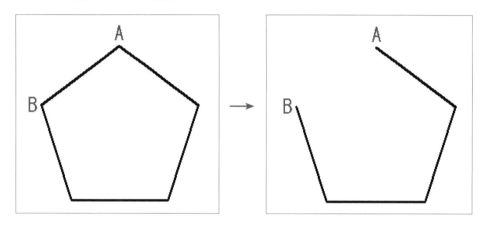

1. コマンドを選択

「ホーム」タブの「修正」パネルで「分解」ボタン □ をクリックします。

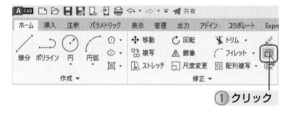

2. オブジェクトを選択

正五角形の線上でクリックします。

3. 確定する

右クリックし分解を確定します。

その他の方法
キーボードの Enter キーを押します。

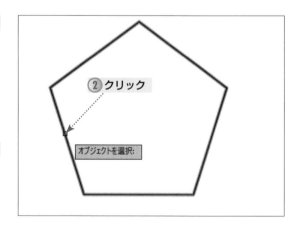

4. コマンドを選択

「ホーム」タブの「修正」パネルで「削除」ボタン
をクリックします。

③ クリック

5. オブジェクトを選択

辺ＡＢの線上でクリックします。

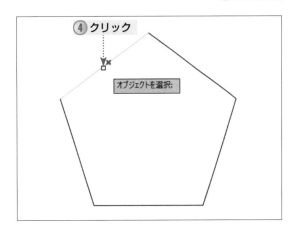

④ クリック

オブジェクトを選択:

6. 削除を確定

右クリックして確定します。

その他の方法
キーボードの Enter キーを押します。

楕円を描く（ellipse）

楕円を描くには「楕円（ellipse）」コマンドを使用します。「中心の位置」
と「中心から両軸の端点までの長さ」を指定して楕円を描く方法と、「主軸」
と「補助軸」の端点を指定して楕円を描く方法について説明します。

中心から両軸の端点までの長さを指定して楕円を描く

中心（A）から主軸の端点（B）までの長さ 150mm、
中心（A）から補助軸の端点までの長さ 40mm の楕円
を描いてみましょう。

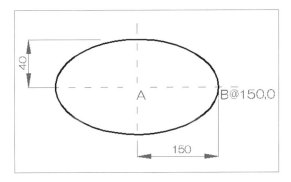

40

A

B@150,0

150

1. コマンドを選択

「ホーム」タブの「作成」パネルで「楕円」ボタン
の右にある をクリックし、「中心記入」を選択し
ます。

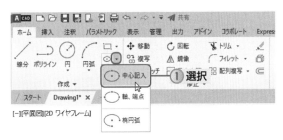

① 選択

中心記入

軸、端点

楕円弧

[-][平面図][2D ワイヤフレーム]

2. 楕円の中心を指定

楕円の中心にしたい位置（A点）をクリックします。

> 楕円の中心を指定:

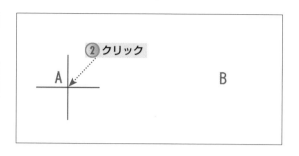

3. 軸の端点を指定

中心点から主軸の端点までの位置（B点）を表す相対座標を入力します。
キーボードから@ 150,0 と入力し、Enter キーを押します。

> 軸の端点を指定:

↓

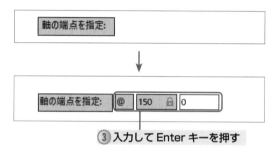

③ 入力して Enter キーを押す

HINT & TIPS

描画コマンドの使い分け

入力条件として中心が決まっている場合は、中心位置を指定できる「中心記入」、3点の位置を指定する場合は、「軸・端点」のコマンドを使います。

※ダイナミック入力では相対座標の先頭の@を省略することもできます。

4. もう一方の軸の距離を指定

中心点から補助軸の端点までの位置を表す距離を入力します。
キーボードから 40 と入力し、Enter キーを押します。

④ 入力して Enter キーを押す

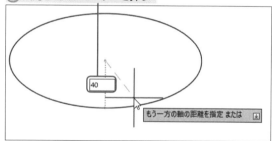

HINT & TIPS

グリッド、スナップの利用

端点までの相対座標（長さ）がわかっていない場合でも図面上に正確な目安となる点があれば、オブジェクトスナップやグリッド、スナップを使い目安の点をマウスで指定して描きたい大きさの楕円を描くことができます。

HINT & TIPS

長い軸が主軸

本書では、楕円の長い軸を主軸、短い軸を補助軸とします。

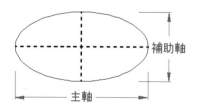

HINT & TIPS

マウスクリックで描く

適当な大きさの楕円を描く場合には相対座標を入力する代わりに、画面上の端点をとりたい位置でマウスをクリックして位置を指定します。

主軸と補助軸の端点を指定して楕円を描く

　主軸と補助軸の端点を指定して、楕円を描いてみましょう。

　直交モードを ON にしておきます。

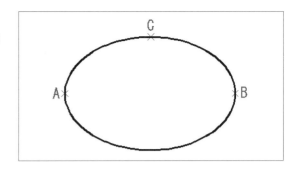

1.コマンドを選択

「ホーム」タブの「作成」パネルで「楕円」ボタン右にある をクリックし、「軸、端点」 を選択します。

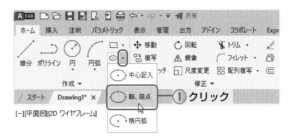

2.楕円の軸の1点目を指定

主軸の1点目にしたい位置（A点）をクリックします。

楕円の軸の1点目を指定 または

3.軸の2点目を指定

主軸の2点目にしたい位置（B点）をクリックします。

軸の2点目を指定:

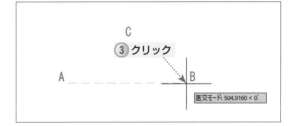

4.もう一方の軸の距離を指定

補助軸の端点にしたい位置（C点）をクリックします。

もう一方の軸の距離を指定 または

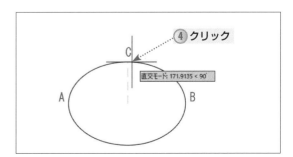

◆◆ 練習問題 1 ◆◆

作図コマンドを使って作図してみましょう（寸法は不要です）。OSNAP
の使い方は、51 ページの「オブジェクトスナップ（定常 OSNAP）を使う」
を参照して下さい。

注）ナビゲーションバーの「図面全体ズーム」をクリックし、図面範囲を作図領域に広げてから始めましょう。

問題 1

絶対座標（50,100）を始点として右図を作図しなさい。
（Chapter2-2 直線を描く）

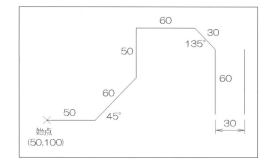

問題 2

お互いに接している 3 つの円と、3 つの円の中心点を通る円を作図しなさい。
（Chapter2-3 円を描く）

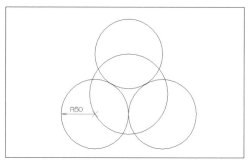

問題 3

必要な線分と円弧 AB、CD、CED を作図しなさい。
（Chapter2-4 円弧を描く）

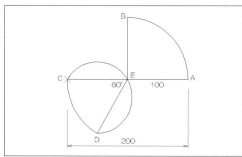

問題 4

線分 BADC、楕円、正三角形 efg を作図しなさい。
（Chapter2-8 四角形、正多角形、楕円を描く）

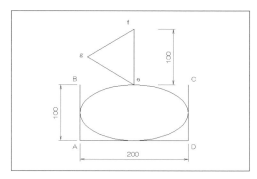

◆◆ 解答 ◆◆

作図方法は、何通りもあります。解答では、各章で説明した方法以外でも効率的と思われる方法を使っています。参考例として確認して下さい。

問題 1 解答

1.「ホーム」タブの「作成」パネルで「線分」ボタン☑をクリックします。

2. キーボードから #50,100 と入力し、Enter キーを押します。

3. キーボードから @50,0 と入力し、Enter キーを押します。

4. キーボードから @60<45 と入力し、Enter キーを押します。

5. キーボードから @0,50 と入力し、Enter キーを押します。

6. キーボードから @60,0 と入力し、Enter キーを押します。

7. キーボードから @30<-45 と入力し、Enter キーを押します。

8. キーボードから @0,-60 と入力し、Enter キーを押します。

9. 右クリックし、ショートカットメニューから「Enter」を選択します。

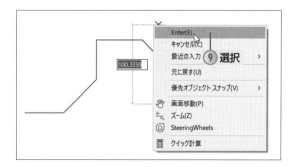

HINT & TIPS

ダイナミック入力での絶対座標

ダイナミック入力では、1点目の指定で絶対座標を使う場合の先頭の「#」や2点目以降の指定に相対座標を使う場合の「@」を省略することができます。

10.「ホーム」タブの「修正」パネルで「オフセット」ボタン 🖳 をクリックします。

⑩ クリック

11. キーボードから 30 と入力し、Enter キーを押します。

⑪ 入力して Enter キーを押す

オフセット距離を指定 または　30

12. 60mm の長さの垂直線をクリックします。

オフセットするオブジェクトを選択 または

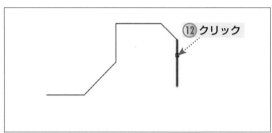

⑫ クリック

13. 垂直線の右側をクリックします。

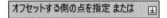

オフセットする側の点を指定 または

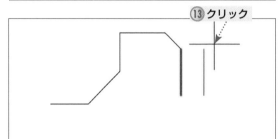

⑬ クリック

14. 右クリックしショートカットメニューから「Enter」を選択します。

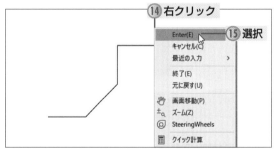

⑭ 右クリック

⑮ 選択

問題 2 解答

1.「ホーム」タブの「作成」パネルで「円」ボタン 🖱 の下にある ▾ をクリックし、「中心、半径」を選択します。

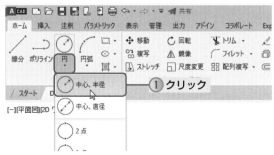

① クリック

2. 左の円の中心点をクリックします。

3. キーボードから円の半径を 50 と入力し、Enter キーを押します。

4. 「ホーム」タブの「作成」パネルで「円」ボタン⊙の下にある▼をクリックし、「2 点」を選択します。

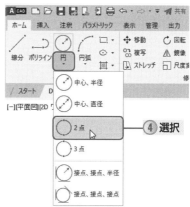

5. OSNAP（四半円点）を使って円の 0° の位置をクリックします。

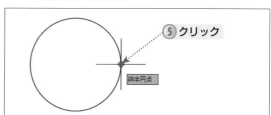

円の直径の一端を指定:

6. キーボードから @100,0 と入力し、Enter キーを押します。

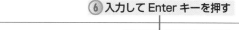
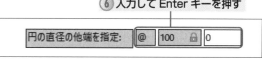

7. 「ホーム」タブの「作成」パネルで「円」ボタン⊙の下にある▼をクリックし、「接点、接点、半径」を選択します。

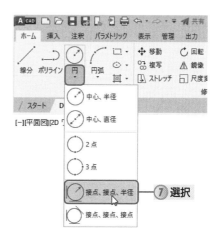

8. 左の円の 90°方向と右の円の 90°方向をクリック
します（指示する位置によって円の描かれる場所が違
うので注意しましょう）。

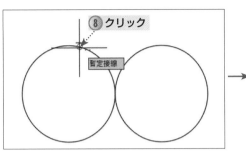

9. ダイナミックプロンプトに <50.0000> と表示
されているのを確認し、Enter キーを押します（表示
されている半径が違う場合は、50 と入力し直す必要
があります）。

10. 「ホーム」タブの「作成」パネルで「円」ボタン
◎の下にある ▼ をクリックし、「3 点」を選択します。

11. それぞれの円の中心点を OSNAP（中心）を使っ
てクリックします。

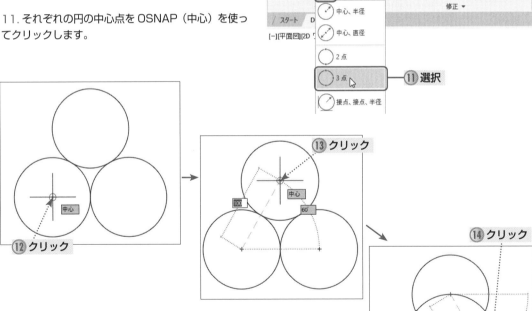

HINT & TIPS

中心をうまく拾えない場合は

オブジェクトスナップの「中心」で円の中心がうまく拾えな
い場合は、中心を拾いたい円の線上に一度マウスカーソルを
近づけると Autosnap マーカーが表示されます。

問題3 解答

1.「ホーム」タブの「作成」パネルで「線分」ボタン ☑ をクリックします。

2. 点 C の位置をクリックします。

3. キーボードから @200,0 と入力し、Enter キーを押します。

4. Enter キーを押します（線分コマンドの終了）。

④ もう一度 Enter キーを押す

5.「ホーム」タブの「作成」パネルで「円弧」ボタン ☑ のメニューから「始点、中心、終点」を選択します。

6. 点 A を OSNAP（端点）を使ってクリックします。

7. 点 E（線分 CA の中点）を OSNAP（中点）を使ってクリックします。

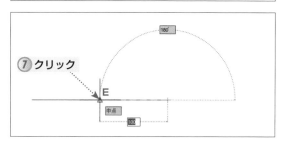

8. キーボードから @0,100 と入力し、Enter キーを押します。

9.「ホーム」タブの「作成」パネルで「円弧」ボタン ☑ のメニューから「始点、中心、角度」を選択します。

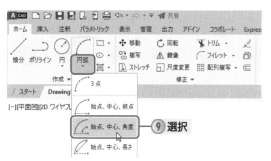

10. 点 C を OSNAP（端点）を使ってクリックします。

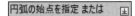
円弧の始点を指定 または ↓

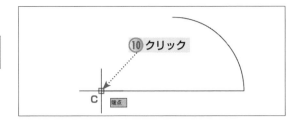
⑩ クリック

C 端点

11. 点 E を OSNAP（中点）を使ってクリックします。

円弧の中心点を指定:

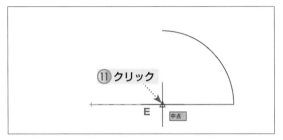
⑪ クリック

E 中点

12. キーボードから 60 と入力し、Enter キーを押します。

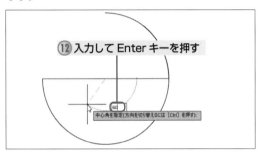
⑫ 入力して Enter キーを押す

中心角を指定(方向を切り替えるには [Ctrl] を押す):

13.「ホーム」タブの「作成」パネルで「円弧」ボタン ◯ のメニューから「3 点」を選択します。

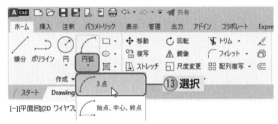
3 点
⑬ 選択
始点、中心、終点

14. 点 D を OSNAP（端点）を使ってクリックします。

15. 点 E を OSNAP（中点）を使ってクリックします。

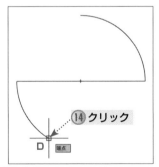
⑭ クリック
D 端点

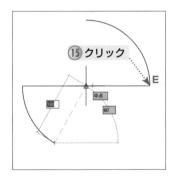
⑮ クリック
E
中点

16. 点 C を OSNAP（端点）を使ってクリックします。

17.「ホーム」タブの「作成」パネルで「線分」ボタン ◯ をクリックします。

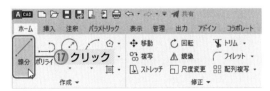
⑰ クリック
線分 ポリライ
作成
修正

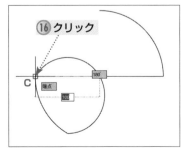
⑯ クリック
C 端点

18. 点 B を OSNAP（端点）を使ってクリックします。

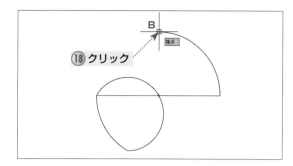

19. 点 E を OSNAP（交点）を使ってクリックします。

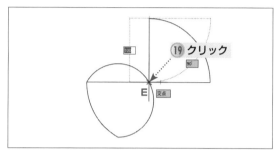

20. 点 D を OSNAP を使ってクリックします。

21.Enter キーを押します（線分コマンドの終了）。

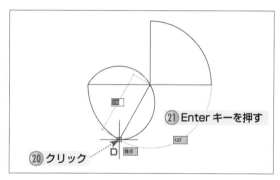

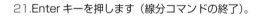

問題 4 解答

1.「ホーム」タブの「作成」パネルで「長方形」ボタン □ をクリックします。

2.A の位置をクリックします。

3. キーボードから @200,100 と入力し、Enter キーを押します。

4.「ホーム」タブの「作成」パネルで「楕円」ボタン⊙の右にある▾をクリックし、「軸、端点」を選択します。

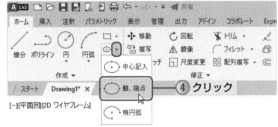

5. 線分 AB の中点を OSNAP (中点) を使ってクリックします。

6. 線分 CD の中点を OSNAP (中点) を使ってクリックします。

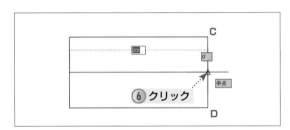

7. 線分 BC の中点を OSNAP (中点) を使ってクリックします。

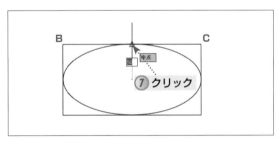

8.「ホーム」タブの「作成」パネルで「ポリゴン」ボタン⬠をクリックします。

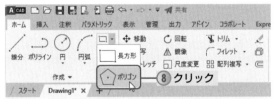

9. キーボードから3と入力し、Enter キーを押します。

10. コマンドラインに表示される「エッジ (E)」をクリックします。

11. 線分 BC の中点を O スナップ（中点）を使って
クリックします。

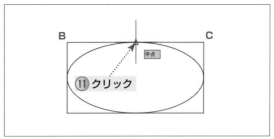

12. キーボードから @0,100 と入力し、Enter キー
を押します。

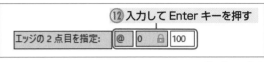

13.「ホーム」タブの「修正」パネルで「分解」ボタ
ン🗗をクリックします。

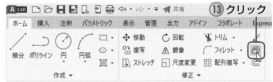

14. 長方形 ABCD 上でクリックします。

15. 右クリックします（分解の確定）。

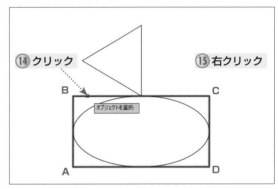

16.「ホーム」タブの「修正」パネルで「削除」ボタ
ン🖉をクリックします。

17. 線分 BC をクリックします。

18. 右クリックします（削除の確定）。

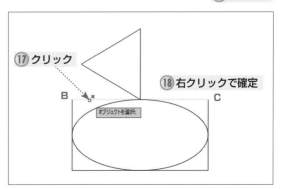

HINT & TIPS

履歴行数の変更とコマンドラインの移動

浮動コマンドライン上部の履歴行数を変更したり、コマンドラインの表示位置を移動すると、作業領域を広げることができます。

履歴行数の変更

3行表示　　　　　　　　　　　　　　　　　　　　　　　1行表示

1. コマンドラインの「カスタマイズ」ボタン 🖉 をクリックし、「プロンプト履歴の行数」を選択します。

2. 表示させたい行数をキーボードから入力し、Enter キーを押します。

コマンドラインの移動（浮動から固定へ）

浮動コマンドライン

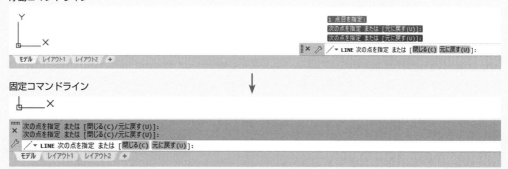

固定コマンドライン

コマンドライン左側の をクリックしたまま、作図ウィンドウのファイル名のエリアにドラッグして上に固定、モデル空間、ペーパー空間のタブエリアにドラッグしてウィンドウの下に固定することができます。

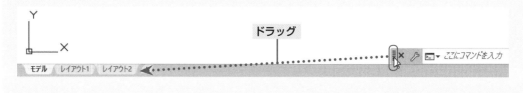

PART 3
図形を編集する

Chapter3-1　　図形を選択する方法

Chapter3-2　　図形を移動する

Chapter3-3　　図形を複写する

Chapter3-4　　図形の大きさを変更する

Chapter3-5　　かどの処理をする

Chapter3-6　　図形の一部分を削除する

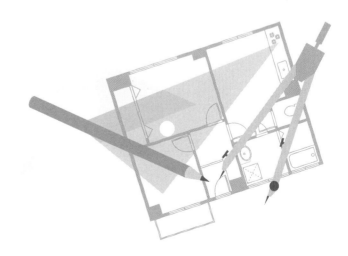

Chapter 3-1

図形を選択する方法

Part2までの作図機能だけでは、図面を仕上げるのに不十分です。作図した図形を目的に合わせたかたちに編集する必要があります。AutoCADには様々な修正機能があります。どの機能を使うのが目的の図形を描くのに一番効率的か自分で選択できるよう、それぞれの修正機能の特徴を覚えて使いこなせるようにしましょう。

図形を選択する

修正機能を使う手順は、

① **コマンドを選択**

② **対象オブジェクトを選択**

（どの図形に対して編集をするのか）

③ **修正方法の指定**

となります。

対象オブジェクトの選択は、どのコマンドでも必要な操作です。「2-5　図形を削除する」で図形の選択方法について説明しましたが、もう一度確認しておきましょう。

1 要素ずつ選択する

線分A、B、Cを1要素（オブジェクト）ずつ選択します。

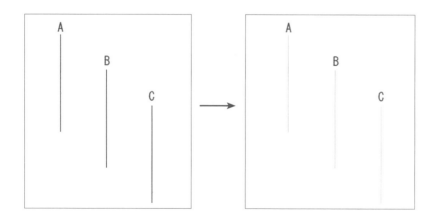

1. 修正メニューを選択

ここでは「ホーム」タブの「修正」パネルで「削除」ボタン ✐ をクリックします。

① **クリック**

2.1 つ目のオブジェクトを選択

線分 A 上でクリックします。

3.2 つ目のオブジェクトを選択

線分 B 上でクリックします。

4.3 つ目のオブジェクトを選択

線分 C 上でクリックします。

5. 選択の確定

選択が全て終わったら、右クリックします（選択の確定）。

その他の方法
キーボードの Enter キーを押します。

複数要素をまとめて選択する

　選択したいオブジェクトを窓（四角）で囲みます。窓を左側から右側へ指示した場合（選択窓）は、窓に全体が囲まれたオブジェクトだけが選択されます。窓を右側から左側へ指示した場合（交差窓）は、窓に一部が囲まれたオブジェクトが全て選択されます。

左側から右側へ（選択窓は実線で表示されます）

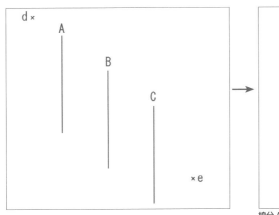
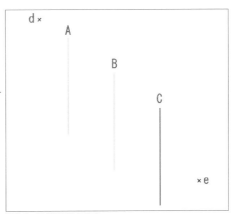

線分 A、B が選択されます。

1.「修正」パネルで「削除」ボタンをクリック

ここでは「ホーム」タブの「修正」パネルで「削除」
ボタン ✐ をクリックします。

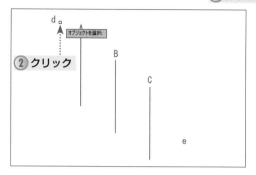

① クリック

2. オブジェクトの左上をクリック

点 d の位置（対象オブジェクトの左側）でクリックし
ます。

② クリック

3. 対象オブジェクトの右下をクリック

点 e の位置（対象オブジェクトの右側）でクリックし
ます。

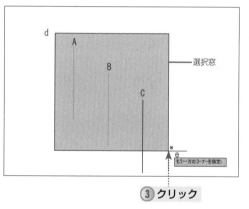

選択窓

③ クリック

HINT & TIPS

先にコマンドを指定しないで選択する場合
「削除」など先にコマンドを選択せず、図形を選択するとグ
リップが表示され、グリップをクリック - ドラッグ操作で位
置や角度などを編集することができます。

4. 選択の確定

選択が全て終わったら、右クリックします。

その他の方法
キーボードの Enter キーを押します。

右側から左側へ（交差窓は点線で表示されます）

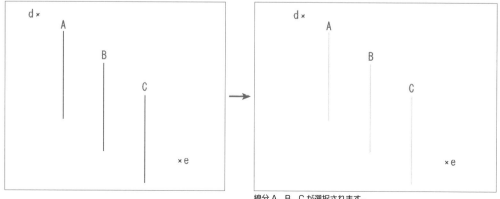

線分 A、B、C が選択されます。

1.「修正」パネルで「削除」ボタンをクリック

ここでは「ホーム」タブの「修正」パネルで「削除」
ボタン ✐ をクリックします。

①クリック

2. オブジェクトの右側をクリック

点 e の位置（対象オブジェクトの右側）でクリックし
ます。

※線分 A、B、C の一部分が囲める位置を指定します。

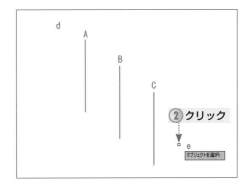

②クリック

3. オブジェクトの左側をクリック

点 d の位置（対象オブジェクトの左側）でクリックし
ます。

③クリック

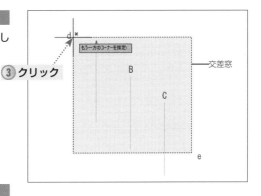

4. 選択の確定

選択が全て終わったら、右クリックします。

その他の方法
キーボードの Enter キーを押します。

HINT & TIPS

選択窓と交差窓
左側から右側へ作った窓を「**選択窓**」といい、画面上実線枠（内部ブルー）で表示されます。選択窓は選択したいオブジェクトの
全体を選択できる時に使います。
右側から左側へ作った窓を「**交差窓**」といいます。画面上点線枠（内部グリーン）で表示されます。交差窓は拡大表示で画面に選
択したいオブジェクトの端点が見えていない時や、図面が細かく入りくんで選択したいオブジェクトの全体を窓で囲めない時に使
うと便利です。
どちらの方法も選択したいオブジェクトを選択し終わるまで繰り返し使えます。選択が終わったら、確定（右クリックまたは Enter
キーを押す）しましょう。

選択してしまったオブジェクトを対象からはずす

線分 A の選択を解除します。

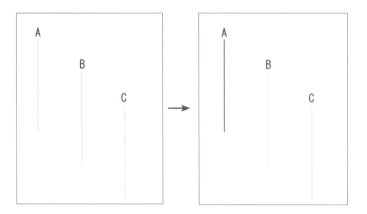

選択された状態（点線表示）のオブジェクトの選択を解除するには選択の確定をする前に、次の操作をしましょう。

1. コマンドを入力

キーボードから r と入力し、Enter キーを押します。

2. 除外するオブジェクトを選択

線分 A をクリックします。
線分 A の選択が解除されます（その後コマンドを続けるには、右クリックで選択を確定します）。

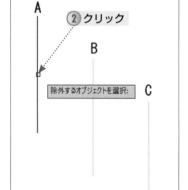

HINT & TIPS

選択を解除するその他の方法
ダイナミック入力やコマンドラインを使わずに選択を解除するには、キーボードの Shift キーを押しながら解除したい図形をクリックすると、選択が解除されます。

Chapter 3-2

図形を移動する

作図した図形（オブジェクト）を好きな位置に移動する時に使うのが「移動」コマンドです。移動コマンドには、移動先をマウスで指定する方法と、移動距離を座標入力する方法があります。

移動先をマウスで指定して移動する（move）

どの位置（基点）をどの位置（目的点）へ移動するのかマウスで指定します。移動距離がわからなくても目的の位置をクリックすれば移動できます。四角形のA点をB点まで移動してみましょう。

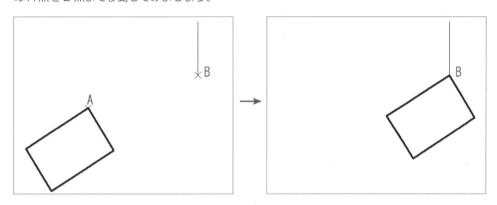

1. コマンドを選択

「ホーム」タブの「修正」パネルで「移動」ボタン⊕をクリックします。

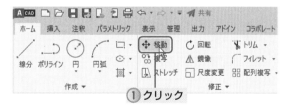

① クリック

2. 対象オブジェクトの左側をクリック

点cの位置でクリックします。

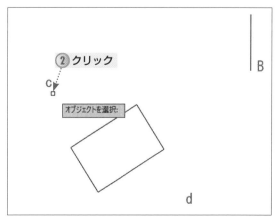

② クリック

3. 対象オブジェクトの右側をクリック

点dの位置でクリックします。

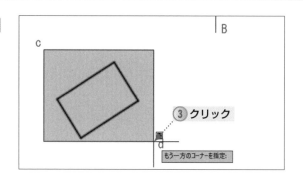

4. オブジェクトが選択される

窓に全て囲まれたオブジェクトが選択されます。

その他の方法
四角形の線上でクリックします（オブジェクトがポリ
ライン図形の場合はワンクリックで選択可）。

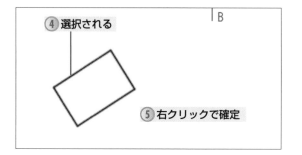

5. 右クリックで確定

右クリックし、移動するオブジェクトを確定します。

6. 基点を指定

OSNAP（端点）を使ってA点をクリックします。

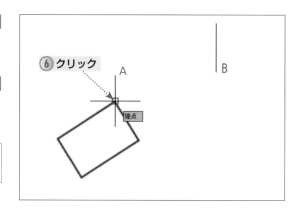

7. 目的点を指定

OSNAP（端点）を使ってB点をクリックします。

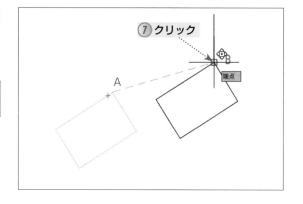

移動距離を座標入力して移動する（move）

　移動距離がはっきりわかっている場合に使用します。四角形を右へ
200mm移動してみましょう。

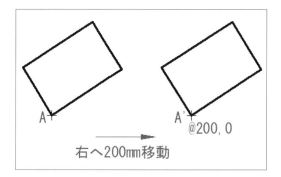

1. コマンドを選択

「ホーム」タブの「修正」パネルで「移動」ボタン✛
をクリックします。

2. 対象オブジェクトの左側をクリック

点bの位置でクリックします。

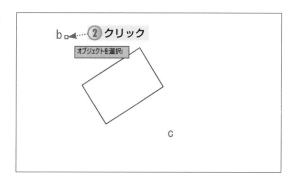

3. 対象オブジェクトの右側をクリック

点cの位置でクリックします。

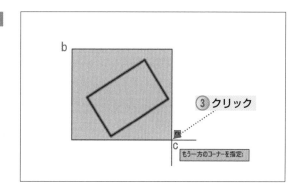

4. オブジェクトが選択される

窓に全て囲まれたオブジェクトが選択されます。

```
コマンド:  move
オブジェクトを選択: もう一方のコーナーを指定: 認識された数: 4
```
```
×  ⚲  ✛ ▼ MOVE オブジェクトを選択:
```

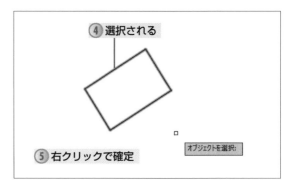

④ 選択される

⑤ 右クリックで確定

オブジェクトを選択:

5. 確定

右クリックし、移動するオブジェクトを確定します。

6. 基点を指定

A 点を OSNAP (端点) を使ってクリックします。

```
基点を指定 または   ⬇
```

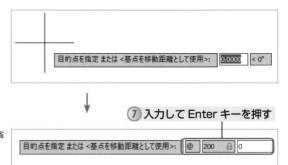

⑥ クリック

A 端点

7. 移動距離を指定

キーボードから@ 200,0 と入力し、Enter キーを押します。

```
目的点を指定 または <基点を移動距離として使用>:   0.0000   < 0°
```

⑦ 入力して Enter キーを押す

```
目的点を指定 または <基点を移動距離として使用>:   @   200   🔒   0
```

※ダイナミック入力では相対座標を表す先頭の@マークは省略することもできます。

図形を回転移動する (rotate)

　基点を軸に図形を回転させます。回転角度を入力する方法と回転位置をマウスで指示する方法があります。

回転角度を入力して移動する

　回転させる角度がわかっている場合に使用します。図形を現在ある位置から何度回転させるかキーボードから角度の入力をします。A 点を基点として 90°回転移動させてみましょう。

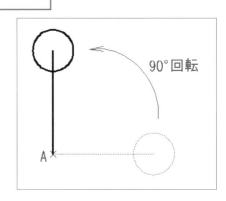

90°回転

A

1. コマンドを選択

「ホーム」タブの「修正」パネルで「回転」ボタン◯
をクリックします。

① クリック

2. 対象オブジェクトの左側をクリック

点 b の位置でクリックします。

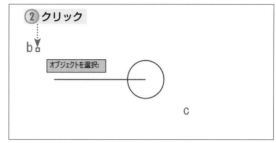

② クリック

b

オブジェクトを選択:

c

3. 対象オブジェクトの右側をクリック

点 c の位置でクリックします。

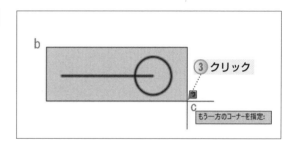

b

③ クリック

c

もう一方のコーナーを指定:

4. オブジェクトが選択される

窓に囲まれたオブジェクトが選択されます。

UCS の現在の正の角度: ANGDIR=反時計回り ANGBASE=0
オブジェクトを選択: もう一方のコーナーを指定: 認識された数: 2
✕ ↻ ▾ ROTATE オブジェクトを選択:

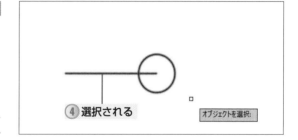

④ 選択される

オブジェクトを選択:

5. 確定

右クリックし、回転移動するオブジェクトを確定します。

⑤ 右クリックで確定

6. 基点を指定

どの点を基準に回転させるかを指示します。OSNAP（端点）を使ってA点をクリックします。

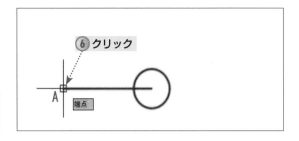
⑥ クリック

基点を指定:

7. 回転角度を指定

コマンドラインにキーボードから90と入力してEnterキーを押します。

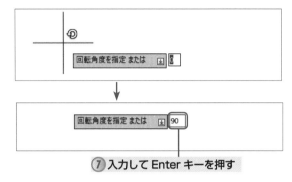

回転角度を指定 または

回転角度を指定 または 90

⑦ 入力してEnterキーを押す

回転位置を参照して移動する

　回転角度がわからない場合にマウスで回転位置を指示します。どの角度（線分AB）をどの角度（線分AC）まで回転させるか参照角度をマウスで指示します。線分ABの角度線を線分ACと同じ角度まで回転させてみましょう。

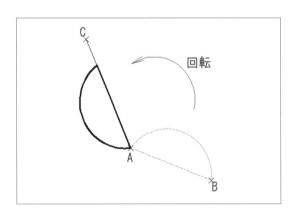
回転

1. コマンドを選択

「ホーム」タブの「修正」パネルで「回転」ボタン🔄をクリックします。

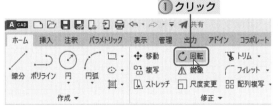
① クリック

2. オブジェクトの右側をクリック

点 d の位置でクリックします。

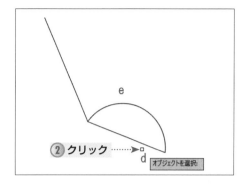

3. オブジェクトの左側をクリック

点 e の位置でクリックします（右から左へ交差窓を作成します）。

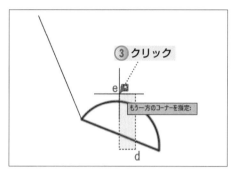

4. オブジェクトが選択される

窓に一部でも含まれたオブジェクトが選択されます。

```
UCS の現在の正の角度： ANGDIR=反時計回り ANGBASE=0
オブジェクトを選択： もう一方のコーナーを指定： 認識された数： 2
× ↗ ○ ▾ ROTATE オブジェクトを選択：
```

5. 確定

右クリックし、移動するオブジェクトを確定します。

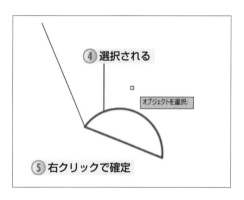

6. 基点を指定

どの点を基準に回転させるかを指示します。OSNAP（端点）を使って A 点をクリックします。

基点を指定：

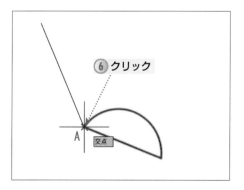

7. 回転角度参照を指定

コマンドラインのオプションから「参照 (R)」をクリックします。

8. 参照する角度 1 点目指定

参照したい線分の始点を指示します。OSNAP（端点）を使って A 点をクリックします。

参照する角度 <0>:

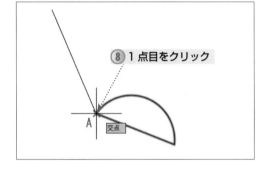

9. 参照する角度 2 点目を指定

参照したい線分の終点を指示します。OSNAP（端点）を使って B 点をクリックします。

2 点目を指定:

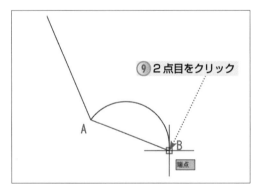

10. 新しい角度を指定

回転先の終点位置を指示します。OSNAP（端点）を使って C 点をクリックします。

新しい角度を指定 または

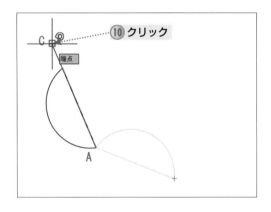

Chapter 3-3

図形を複写する

同じ図形を二度描く必要がないのは、図面作成に CAD を使う大きなメリットの 1 つです。同じ図面上で一度描いた図形は、複写して再利用すれば手間が省けます。複写機能には、単純に同じ図形を同じ向きで複写する「複写」コマンド、図形を反転させて複写する「鏡像」コマンド、複写の個数や複写の方向、複写間隔を指定する「配列複写」コマンドがあります。

図形を同じ形・同じ向きで複写する（copy）

複写する基点を決めて複写する

　複写したい図形のどの位置（基点）をどの位置（目的点）に複写するのかを決めて、複写位置の指定をします。移動距離はわからなくても、図面上で目的点がわかっているという場合に使用します。四角形 ABCD を複写し、B 点を D 点の位置に配置してみましょう。

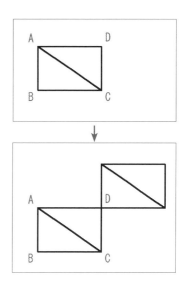

1. コマンドを選択

「ホーム」タブの「修正」パネルで「複写」ボタン ⚏ をクリックします。

2. オブジェクトを選択

選択窓（左→右）で四角形 ABCD を選択します。

```
オブジェクトを選択:
```

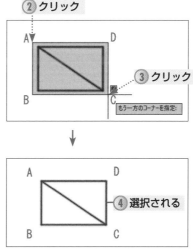

3. 確定

右クリックして複写するオブジェクトを確定します。

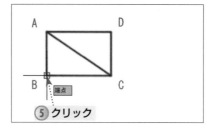

4. 基点を指定

OSNAP（端点）を使ってB点をクリックします。

基点を指定 または ⬇

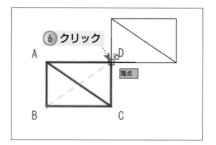

⑤ クリック

5. 目的点を指定

OSNAP（端点）を使ってD点をクリックします。

2点目を指定 または ⬇

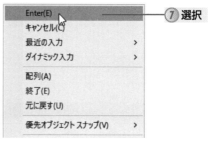

⑥ クリック

HINT & TIPS

OSNAP（オブジェクトスナップ）を使うメリット
基点、目的点など正確な点を拾いたい場合には、必ず
OSNAPを使いましょう。OSNAPを使わずに点を拾うと、
正確な位置は指定できません。

6. コマンドの終了

右クリックし、ショートカットメニューから「Enter」
を選択します。

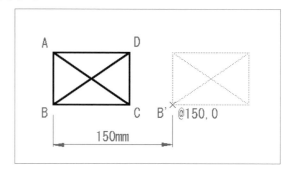

⑦ 選択

基点から複写位置までを相対座標で指定して複写する

　現在の図形の位置と複写先までの距離を指定する場
合の方法です。

　図形ABCDを右方向に150mm移動した位置に
複写してみましょう。

1. コマンドを選択

「ホーム」タブの「修正」パネルで「複写」ボタン をクリックします。

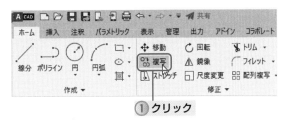

① クリック

2. オブジェクトを選択

選択窓（左→右）で四角形 ABCD を選択します。

```
オブジェクトを選択:
```

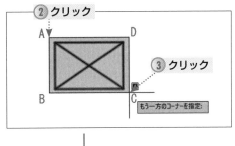

② クリック

③ クリック

もう一方のコーナーを指定:

3. 確定

右クリックし、複写するオブジェクトを確定します。

```
コマンド: _copy
オブジェクトを選択: もう一方のコーナーを指定: 認識された数: 3
× ⚲ 🔲 COPY オブジェクトを選択:
```

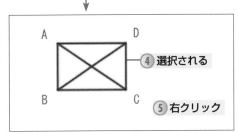

④ 選択される

⑤ 右クリック

4. 基点を指定

B 点を OSNAP（端点）を使ってクリックします。

```
基点を指定 または    ⊞
```

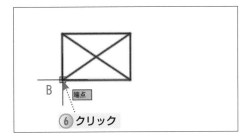

B 端点

⑥ クリック

5. 目的点までの距離を指定

キーボードから@ 150,0 と入力し、Enter キーを押 します。

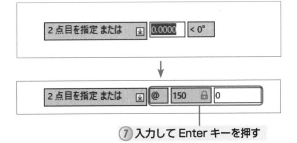

⑦ 入力して Enter キーを押す

6. コマンドの終了

もう一度 Enter キーを押して、コマンドを終了させ ます。

同じ図形をたくさん複写する

　複写コマンドは、一度基点を指示すれば、同じ条件で連続して複写することができます。目的点の位置を変えて指示しましょう。右クリックしてショートカットメニューから「Enter」を選択するか、キーボードの「Enter」キーを押すとコマンドは終了します。

　A点を基点にして、B点、C点、D点、E点に円を連続複写してみましょう。

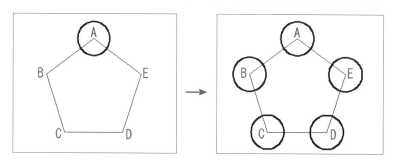

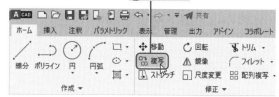

1. コマンドを選択

「ホーム」タブの「修正」パネルで「複写」ボタン📋をクリックします。

2. オブジェクトを選択

円上をクリックして円を選択します。

> オブジェクトを選択:

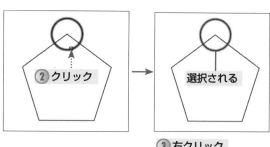

3. 確定

右クリックして複写するオブジェクトを確定します。

```
コマンド: _copy
オブジェクトを選択: 認識された数: 1
```
‖× ⚟ 📋▾ COPY オブジェクトを選択:

4. 基点を指定

A点をOSNAP（端点）を使ってクリックします。

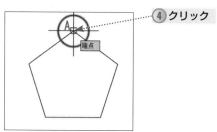

> 基点を指定 または ⊥

5.B 点（目的点）をクリック

B 点を OSNAP（端点）を使ってクリックします。

```
2 点目を指定 または   ⊡
```

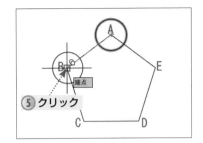

⑤ クリック

6.C 点（目的点）をクリック

C 点を OSNAP（端点）を使ってクリックします。

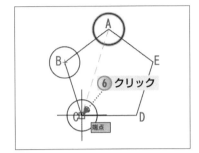

⑥ クリック

7.D 点（目的点）をクリック

D 点を OSNAP（端点）を使ってクリックします。

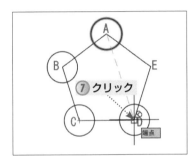

⑦ クリック

8.E 点（目的点）をクリック

E 点を OSNAP（端点）を使ってクリックします。

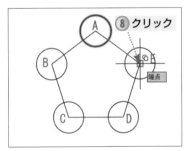

⑧ クリック

9. コマンドの終了

右クリックしショートカットメニューから「Enter」
を選択します。

⑨ 右クリックして選択する

図形を反転複写する（mirror）

対称軸を境として図形を鏡に映したように反転複写します。最後に元の図形
を削除すると反転移動ができます。対称軸（線分 AB）の左側にある図形を右
側に反転複写してみましょう。

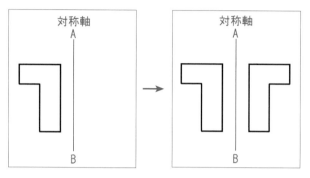

1. コマンドを選択

「ホーム」タブの「修正」パネルで「鏡像」ボタン
△ をクリックします。

① クリック

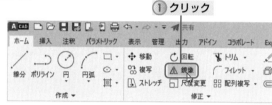

2. オブジェクトを選択

選択窓（左→右）で対象軸（線分 AB）の左側にある
図形を選択します。

```
オブジェクトを選択:
```

② クリック

③ クリック

④ 右クリック

選択される

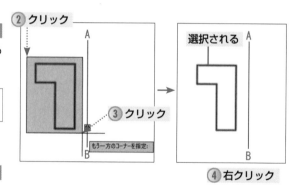

3. 確定

右クリックし、複写するオブジェクトを確定します。

```
コマンド: mirror
オブジェクトを選択: もう一方のコーナーを指定: 認識された数: 3
× 🔧 △ ▾ MIRROR オブジェクトを選択:
```

4. 対象軸の1点目を指定

OSNAP（端点）を使ってA点をクリックします。

⑤ クリック

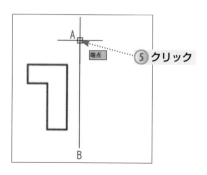

```
対称軸の1点目を指定:
```

5. 対象軸の2点目を指定

OSNAP（端点）を使ってB点をクリックします。

対称軸の2点目を指定:

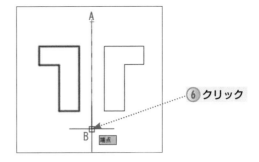

⑥ クリック

6. 元のオブジェクトの処理

元のオブジェクト（対称軸の左側）を削除しない場合はダイナミックプロンプトのオプションが「いいえ（N）」になっていることを確認し、キーボードのEnterキーを押します。
削除する場合はキーボードの↓キーを押して、オプションを表示させ、「はい（Y）」を選択します。

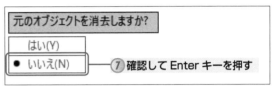

⑦ 確認して Enter キーを押す

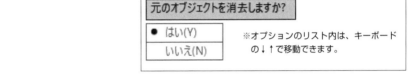

※オプションのリスト内は、キーボードの↓↑で移動できます。

その他の方法
コマンドラインの＜＞内に表示されているオプションが現在選択されています。
違うオプションで選ぶ場合はマウスでクリックします。

クリック

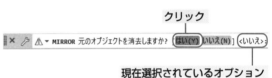

現在選択されているオプション

図形を回転複写する（arraypolar）

基点を軸に回転させながら元図形を複写します。複写した図形は円形に配列されます。水平線と四角形をA点を基点として180°の間に10個複写してみましょう。

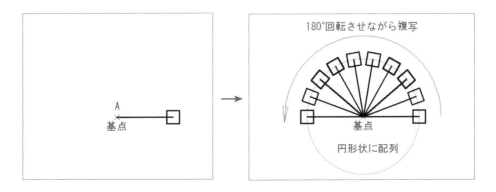

1. コマンドを選択

「ホーム」タブの「修正」パネルで「配列複写」ボタン 🔡 の右にある ▾ をクリックし、「円形状配列複写」🔳 をクリックします。

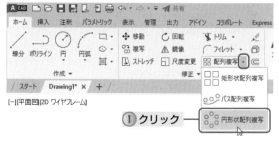

① クリック

2. オブジェクトを選択

選択窓（左→右）で水平線と四角形を選択します。

② 選択窓の1点目をクリック

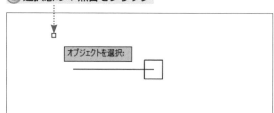

③ 2点目をクリック

```
コマンド: arraypolar
オブジェクトを選択: もう一方のコーナーを指定: 認識された数: 2
× ↗ ARRAYPOLAR オブジェクトを選択:
```

もう一方のコーナーを指定:

3. 確定

右クリックして配列複写するオブジェクトを確定します。

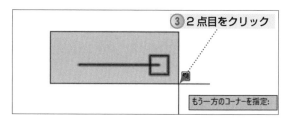

④ 右クリックで確定

4. 中心点の指定

複写の中心点（点 A）を OSNAP（端点）を使ってクリックします。

⑤ クリック

端点

配列複写の中心を指定 または ⊥

5. 項目数を入力

複写する図形の数を入力します。
「配列複写作成」タブの「項目パネル」で「項目：」
右側の入力ボックスをクリックし、キーボードから
10 と入力します。

⑥ 入力して Enter キーを押す

6. 複写角度の指定

複写する角度を入力します。
「配列複写作成」タブの「項目パネル」で「埋める：」
右側の入力ボックスをクリックし、キーボードから
180 と入力します。

⑦ 入力して Enter キーを押す

7. 確定

「配列複写を閉じる」をクリックします。

⑧ クリック

HINT & TIPS

配列複写の回数
複写の回数は元の図形を 1 回目として数えます。

HINT & TIPS

配列複写後の図形を変更するには
変更したい図形をクリックすると表示される「配列複写」タブから複写形状を変更することができます。変更後は「配列複写を閉じる」
をクリックすると編集モードが終了します。

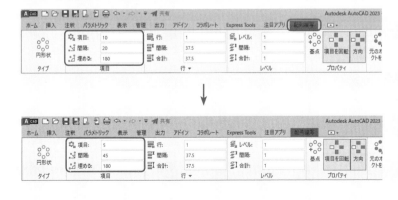

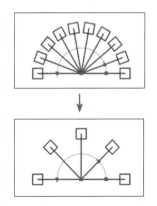

図形を縦横一定パターンで並べて複写する（arrayrect）

　元図形を X 方向に何個、Y 方向に何個複写するか決め、元図形から X 方向・Y 方向にどれくらい離すかを指定して複写します。縦 25mm、横 50mm の四角形を 30mm ずつ離して Y 方向に 4 個、X 方向に 3 個配列複写してみましょう。

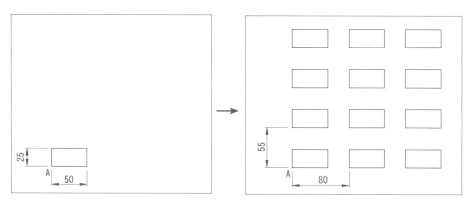

1. コマンドを選択

「ホーム」タブの「修正」パネルで「配列複写」ボタン 品 の「矩形状配列複写」をクリックします。

2. オブジェクトを選択

選択窓（左→右）で四角形を選択します。

オブジェクトを選択:

3. 確定

右クリックし、配列複写するオブジェクトを確定します。
配列複写する図形には複写用のグリップが表示されます。

コマンド:　arrayrect
オブジェクトを選択: もう一方のコーナーを指定:　認識された数: 1

∷ × ⌖ 品▾ ARRAYRECT オブジェクトを選択:

4. 列数を入力

「配列複写作成」タブの「列パネル」で「列：」右側の入力ボックスをクリックし、キーボードから3と入力します。

⑤ 入力して Enter キーを押す

5. 列間隔の入力

「配列複写作成」タブの「列パネル」で「間隔：」右側の入力ボックスをクリックし、キーボードから80と入力します。

⑥ 入力して Enter キーを押す

6. 行数の指定

「配列複写作成」タブの「行パネル」で「行：」右側の入力ボックスをクリックし、キーボードから4と入力します。

⑦ 入力して Enter キーを押す

7. 行間隔の指定

「配列複写作成」タブの「行パネル」で「間隔：」右側の入力ボックスをクリックし、キーボードから55と入力します。

⑧ 入力して Enter キーを押す

8. 確定

「配列複写を閉じる」をクリックします。

⑨ クリック

HINT & TIPS

配列複写の設定

配列複写は、グリップの移動やグリップの入力ボックスでの指定で条件を変更することができます。

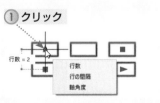

① クリック

② ドラッグまたは行数を入力

配列複写は「配列複写作成」タブやグリップ操作で設定する他に、ダイナミックプロンプト、コマンドラインのオプションから設定することもできます。

Chapter 3-4

図形の大きさを変更する

描いた図形の大きさを変更することができます。大きさの変更をする機能には、長さを伸ばす「延長」コマンド、図形全体の大きさを倍率を指定して変更する「尺度変更」コマンド、図形の一部分の長さだけを変更する「ストレッチ」コマンドがあります。それぞれコマンドの基本的な使い方について説明します。

線の長さを延長する（extend）

選択した図形の長さをもう1つの図形（境界エッジ）まで延長します。

AutoCADでは選択した図形の延長線上にある図形を境界エッジとして自動的に認識しますので、「延長」コマンド実行後、延長したい図形を選択します。

線分A、B、Cを境界エッジ（線分De）まで延長してみましょう。

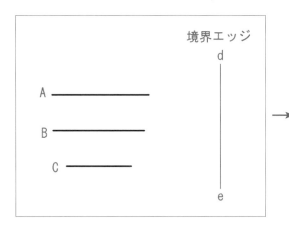

1. コマンドを選択

「ホーム」タブの「修正」パネルで「トリム」ボタン の右にある をクリックし「延長」 を選択します。

※ AutoCAD LT 2016～2020では「延長」コマンド実行後、一度右クリックします。

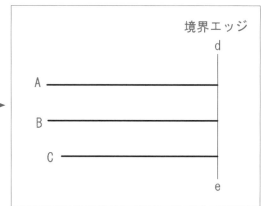

2. 延長するオブジェクトを選択

オブジェクトを順にクリックします。

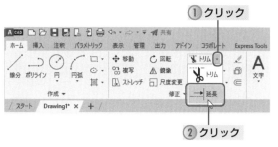

1. 線分 A をクリックします。

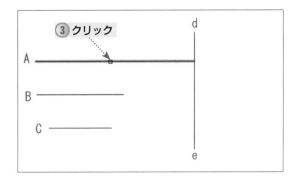

2. 線分 B をクリックします。

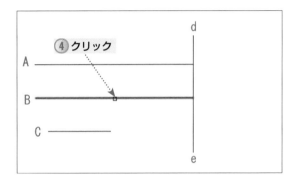

3. 線分 C をクリックします。

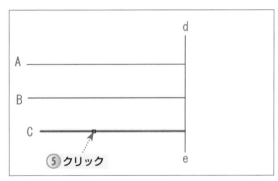

HINT & TIPS

延長するオブジェクトの選択位置
延長するオブジェクトを選択する時は、中点よりも境界エッジに近い位置をクリックします。

3. コマンドの終了

作図領域内で右クリックし、ショートカットメニューの中から「Enter」を選択します。

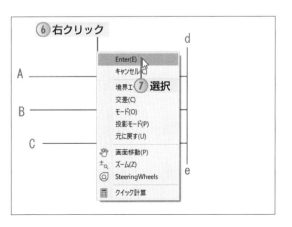

HINT & TIPS

延長の基準にする図形の指定方法

AutoCAD LT2021/AutoCAD 2022/2023
では、「延長」コマンド実行後に選択したオブジェ
クトが図面上で最初にぶつかるオブジェクト（境
界エッジ1）まで図形が延長されます。

もう一度同じオブジェクトをクリックすると、
次にぶつかるオブジェクト（境界エッジ2）ま
で図形が延長されます。

クイックモード

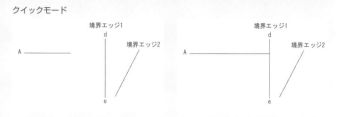

延長の基準にするオブジェクトに（境界エッジ2）を指定する方法

1. 浮動コマンドラインから「境界エッジ(B)」
を選択します。

① クリック

2. 延長の基準にするオブジェクト（境界エッジ
2）を指定します。

オブジェクトを選択 または <すべて選択>:

3. 右クリックし、境界エッジを確定します。

4. 延長する図形を選択します。

延長するオブジェクトを選択 または [Shift] を押してトリムするオブジェクトを選択 または

5. 右クリックし、ショートカットメニューから
「Enter」を選択してコマンドを終了させます。

※ AutoCAD LT 2016 〜 2020では、「延長」
コマンド実行後そのまま「境界エッジ」にす
る図形の指定を行います。

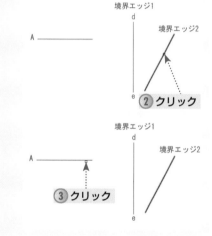

図形全体の大きさを変更する（scale）

元図形全体の大きさをX方向・Y方向に同じ倍率で
拡大または、縮小します。四角形Aの縦の長さ、横の
長さを2倍に拡大してみましょう（面積は4倍になり
ます）。

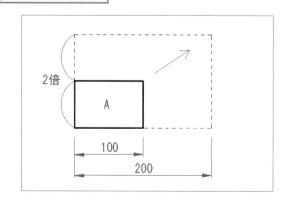

1. コマンドを選択

「ホーム」タブの「修正」パネルで「尺度変更」ボタン□をクリックします。

① クリック

2. オブジェクトを選択

選択窓（左→右）で拡大したい四角形 A を選択します。

オブジェクトを選択:

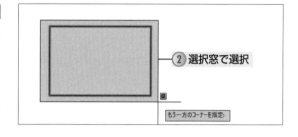

② 選択窓で選択

もう一方のコーナーを指定:

3. 確定

右クリックし、拡大する図形を確定します。

コマンド: scale
オブジェクトを選択: もう一方のコーナーを指定: 認識された数: 4
⋮× ⚲ □ ▾ SCALE オブジェクトを選択:

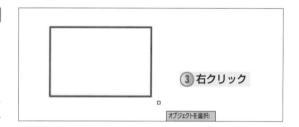

③ 右クリック

オブジェクトを選択:

4. 基点を指定

拡大する基点（動かしたくない点）b 点を OSNAP（端点）を使ってクリックします。

基点を指定:

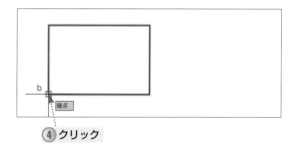

b
端点
④ クリック

5. 尺度を指定

キーボードから 2 と入力し、Enter キーを押します。

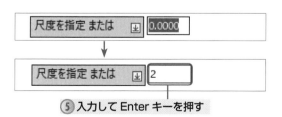

尺度を指定 または 🔽 0.0000

↓

尺度を指定 または 🔽 2

⑤ 入力して Enter キーを押す

縮小する場合

縮小する場合は、小数点または分数で入力します。

例）縦・横半分の大きさに縮小　→　0.5 または 1/2

図形の一部分の長さを変更する（stretch）

　元図形を一方向に指定した距離だけ伸縮させます。線分 CD・EF 間の長さ
を 50mm 伸ばして、CD 間の長さを 150mm に変更してみましょう。

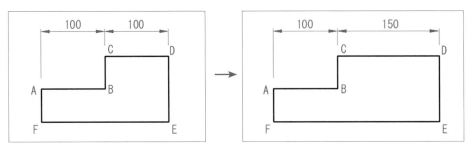

1. コマンドを選択

「ホーム」タブの「修正」パネルで「ストレッチ」ボ
タン🛆をクリックします。

2. オブジェクトを選択

交差窓（右→左）で伸縮したい図形 CDEF を選択し
ます。

1. 点 a の位置でクリックします。

2. 点 b の位置でクリックします。

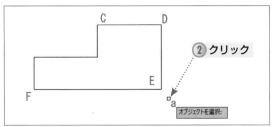

3. 確定

右クリックし、伸縮するオブジェクトを確定します。

> ストレッチするオブジェクトを交差窓 または ポリゴン交差窓で選択...
> オブジェクトを選択：もう一方のコーナーを指定：認識された数：3
> ×　🔧　🛆 ▼ STRETCH オブジェクトを選択：

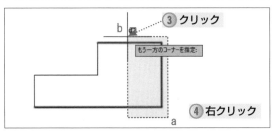

4. 基点を指定

基点（動かしたい点）D 点を OSNAP（端点）を使っ
てクリックします。

> 基点を指定 または　⬇

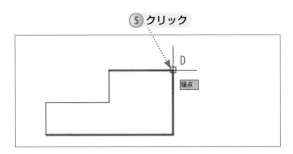

5. 移動距離の指定

基点（D 点）の移動先位置を現在の位置からの相対座標で入力します。

キーボードから 50,0 と入力し、Enter キーを押します。

交差窓で選択した図形

交差窓で囲んだ時に、全体が含まれた図形（線分 D,E）は移動し、一部が含まれた図形（線分 CD,EF）は伸縮します。交差窓に全く含まれなかった部分は何も変化しません。

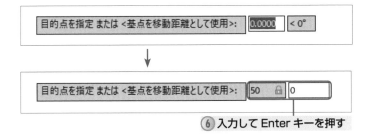

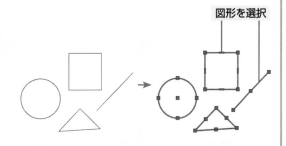

⑥ 入力して Enter キーを押す

覚えよう!! ～便利な機能 3

◆グリップ

グリップは、選択した図形に青い四角で表示されます（初期設定）。グリップを使用するとショートカットメニューから「削除」「移動」「複写」「尺度変更」「回転」「ストレッチ」などのコマンドを実行することができます。グリップの使用方法は、普通のコマンド処理とは逆で、まず対象オブジェクトを選択してからコマンドを指示します。グリップの代表的な使い方について説明します。

その 1　ショートカットメニューを使う

1. 図形を選択

コマンドを何も選択していない状態で編集したい図形を選択窓で選択します。

図形を選択

2. 必要なコマンドを選択

作図領域内で右クリックし、ショートカットメニューから「削除」「移動」「複写」「尺度変更」「回転」などのコマンドを選択します。

繰り返し(R) LINE
最近の入力　　　　　　　　　>
クリップボード　　　　　　　>
選択表示(I)　　　　　　　　>
削除
移動(M)
複　コマンドを選択
尺度変更(L)
回転(O)
表示順序(W)　　　　　　　>
グループ　　　　　　　　　>
類似オブジェクトを選択(T)
すべてを選択解除(A)

その2 グリップで変形する

1. 図形を選択

コマンドを何も選択していない状態で編集したい図形を
選択します。

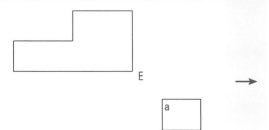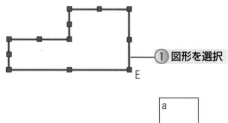

① 図形を選択

2. 変更点を選択

変更したい点（E点）をクリックします（グリップの色
が赤く変わります）。

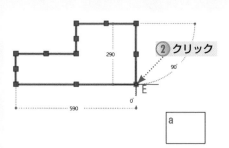

② クリック

3. 移動先を指定

選択したE点の移動先（a点）をクリックします。

新しい点を指定 または

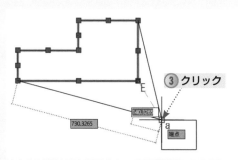

③ クリック

4. 選択を解除

キーボードのEscキーを押して、選択を解除します。

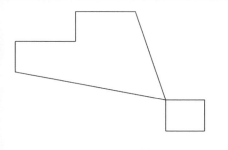

Chapter 3-5

かどの処理をする

ある角度で図形のかどを落とすことを「面取り」といいます。かどのある図形の面取りをすることはよくあるので、面取りを簡単に行うために「面取り」コマンドを使います。また、かどを丸く処理する場合は「フィレット」コマンドを使います。面取りとフィレットの基本的な使い方について説明します。

面取りをする（chamfer）

かどを作る 2 本の線分の長さを指定します。角 ABC の B-d 間の長さ 100mm、B-e 間の長さ 50mm で面取りをしてみましょう。

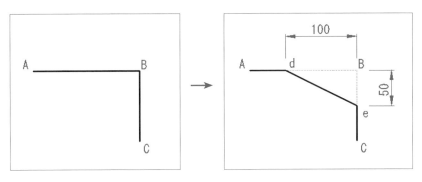

1. コマンドを選択

「ホーム」タブの「修正」パネルから「フィレット」ボタン⌒の右側にある⏷をクリックして「面取り」⌒を選択します。

① クリック

② 選択

2. オプションを選択

距離を入力する方法を選択します。
コマンドラインのオプションから「距離 (D)」をクリックします。

1 本目の線を選択 または ⤓

③ クリック

3. 1本目の面取り距離を指定

キーボードから 100 と入力し、Enter キーを押します。

④ 入力して Enter キーを押す

1本目の面取り距離を指定 <0.0000>: `0.0000`

→

1本目の面取り距離を指定 <0.0000>: `100`

4. 2本目の面取り距離を指定

コマンドラインにキーボードから 50 と入力し、Enter キーを押します。

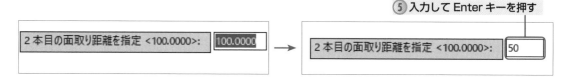

⑤ 入力して Enter キーを押す

2本目の面取り距離を指定 <100.0000>: `100.0000`

→

2本目の面取り距離を指定 <100.0000>: `50`

5. 1本目の線を選択

1本目の線（線分 AB）をクリックします。

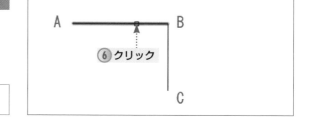

⑥ クリック

1本目の線を選択 または 🔽

6. 2本目の線を選択

2本目の線（線分 BC）をクリックします。

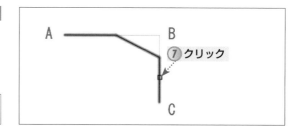

⑦ クリック

2本目の線を選択、または [Shift] を押しながらコーナーを適用、または 🔽

HINT & TIPS

かどを作るには

「面取り」コマンド実行後、キーボードの Shift キーを押しながらかどを構成する 2 本の線をクリックします。

※距離の設定がされていない状態では、Shift キーを押さずにかどが作れます。

円弧でかどを丸める（fillet）

半径を指定してかどを丸めます。角 ABC を半径 50mm でフィレットして
みましょう。

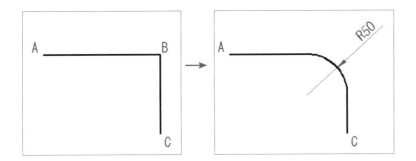

1. コマンドを選択

「ホーム」タブの「修正」パネルで「面取り」ボタン
の右側にある▼をクリックして「フィレット」を
選択します。

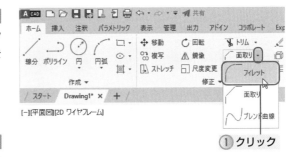

2. オプションを選択

フィレット条件の「半径を入力する」方法を選択しま
す。
コマンドラインのオプションから「半径 (R)」をクリッ
クします。

3. フィレット半径を指定

キーボードから 50 と入力し、Enter キーを押します。

③ 入力して Enter キーを押す

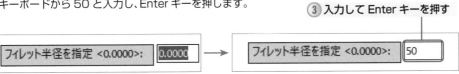

4. 最初のオブジェクトを選択

最初のオブジェクト（線分 AB）をクリックします。

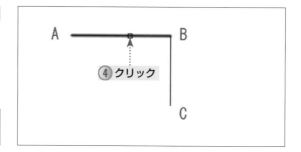

最初のオブジェクトを選択 または ⬇

5. 2つ目のオブジェクトを選択

2つ目のオブジェクト（線分 BC）をクリックします。

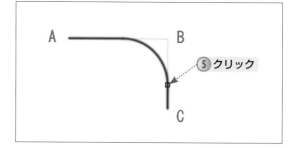

2つ目のオブジェクトを選択、または [Shift] を押しながらコーナーを適用、または ⬇

HINT & TIPS

前回と同じ面取り・フィレット

面取りとフィレットのコマンドは前回入力した数値を覚えているので、同図面内で同じ作図方法・同じ数値の場合は入力し直す必要はありません。ダイナミックプロンプトやコマンドラインの指示に従って線分を選択すると、前回と同じ面取りができます。

面取り

```
コマンド: _chamfer
(トリム モード) 現在の面取りの距離 1 = 100.0000、距離 2 = 50.0000
CHAMFER 1 本目の線を選択 または [元に戻す(U) ポリライン(P) 距離(D) 角度(A) トリム(T) 方式(E) 複数(M)]:
```

フィレット

```
コマンド: fillet
現在の設定: モード = トリム、フィレット半径 = 50.0000
FILLET 最初のオブジェクトを選択 または [元に戻す(U) ポリライン(P) 半径(R) トリム(T) 複数(M)]:
```

Chapter 3-6

図形の一部分を削除する

図形の一部分を削除する方法には、元図形を切り取り線で切り取る「トリム」コマンド、1要素の中で指示した1点目と2点目の間を削除する「部分削除」コマンド、1つの図形を2つに分割する「点で部分削除」コマンドがあります。それぞれのコマンドの基本的な使い方について説明します。

図形を切り取り線で切り取る（trim）

コマンド実行後に選択した図形が「切り取りエッジ」の位置で切り落とされます。「切り取りエッジ」になる図形は、はさみのような役割をします。

AutoCADでは、「切り取りエッジ」の図形を自動的に認識し、その位置で切り落とします。線分CDのCe間を切り取りエッジ（線分AB）で切り取ってみましょう。

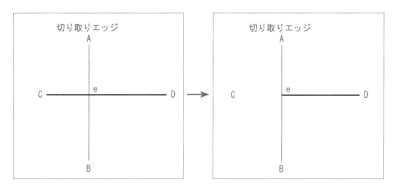

1. コマンドを選択

「ホーム」タブの「修正」パネルから「トリム」を選択します。

※ AutoCAD LT 2016〜2020の場合「トリム」コマンド実行後、一度右クリックします。

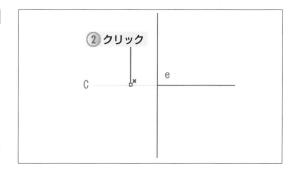

2. トリムするオブジェクトを選択

削除したい部分（線分Ce間）をクリックします。

トリムするオブジェクトを選択 または [Shift] を押して延長するオブジェクトを選択 または

125

3. コマンドの終了

作図領域内で右クリックし、ショートカットメニューの中から「Enter」をクリックすると、コマンドが終了します。

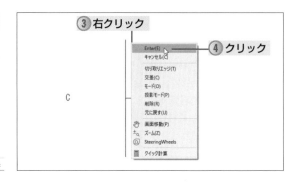

トリムするオブジェクトを選択 または [Shift]を押して延長するオブジェクトを選択 または
「切り取りエッジ(T)/交差(C)/モード(O)/投影モード(P)/削除(R)]:
トリムするオブジェクトを選択 または [Shift]を押して延長するオブジェクトを選択 または

✕ ⚲ ┇▼ TRIM [切り取りエッジ(T) 交差(C) モード(O) 投影モード(P) 削除(R) 元に戻す(U)]:

HINT & TIPS

切り取りエッジの利用方法

AutoCAD LT 2021/AutoCAD 2022/2023 では、コマンドを実行すると図面上のすべてのオブジェクトが切り取りエッジとして認識され、クリックする位置によって切り取られる部分が変わります。

Ce 間をクリックした場合   ef 間をクリックした場合

切り取りたい位置にあるオブジェクト（切り取りエッジ 2）を指定する方法

1. 浮動コマンドラインから「切り取りエッジ (T)」を選択します。

✕ ⚲ ┇▼ TRIM [切り取りエッジ(T) 交差(C) モード(O) 投影モード(P) 削除(R)]:

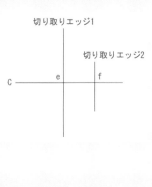

2. 基準にするオブジェクト（エッジ 2）を指定します。

オブジェクトを選択 または <すべて選択>:

3. 右クリックし、エッジを確定します。

4. 図形を選択します。

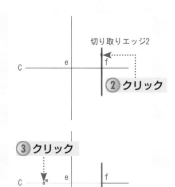

トリムするオブジェクトを選択 または ⬓

5. 右クリックし、ショートカットメニューから「Enter」を選択してコマンドを終了させます。

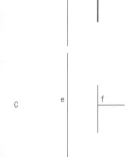

※ AutoCAD LT 2016 ～ 2020 では、「トリム」コマンド実行後そのまま「切り取りエッジ」にする図形の指定を行います。

図形の中で指示した2点間を削除する（break）

線上の2点間を削除するには、削除したいオブジェクトを選択し、削除したい区間の1点目・2点目を指示します。線分ABのcd間を削除してみましょう。

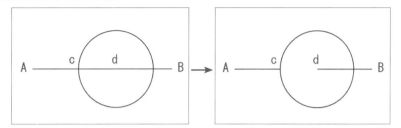

---

1. コマンドを選択

「ホーム」タブの「修正」パネルタイトルをクリックし、サブパネルを表示させます。「部分削除」ボタン🔲をクリックします。

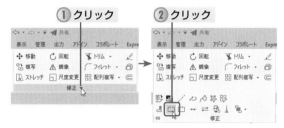

---

2. オブジェクトを選択

部分削除する図形（線分AB）をクリックして選択します。

> ③クリック

> オブジェクトを選択:

---

3. オプションを選択

「1点目を指示する」方法を選択します。
コマンドラインのオプションから「1点目（F）」をクリックします。

> 部分削除する2点目を指定 または ⬇

↓

> オブジェクトを選択:

> ⫶ ✕ 🔧 🔲▾ **BREAK** 部分削除する 2 点目を指定 または [1 点目(F)]:

> ④クリック

---

4. 部分削除する1点目を指定

1点目（c点）をOSNAP（交点）を使ってクリックします。

> ⑤クリック

> 部分削除する1点目を指定:

---

5. 部分削除する2点目を指定

2点目（d点）をOSNAP（交点）を使ってクリックします。

> ⑥クリック

> 部分削除する2点目を指定:

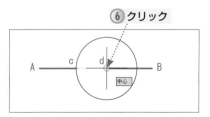

HINT & TIPS

サブパネルを固定する

「パネル」内に隠れているサブパネルを常に表示させるには左下の「ピン」ボタン ◻ をクリックします。
ピンの形が ◻ に変わるとサブパネルが固定されます。再度「ピン」ボタン ◻ をクリックすると元の状態に戻ります。

HINT & TIPS

円の削除の注意点

円の部分削除をする場合、基本的な使い方は同じですが、反時計回りに部分削除をするので、1点目と2点目の指定によって結果が違ってきます。

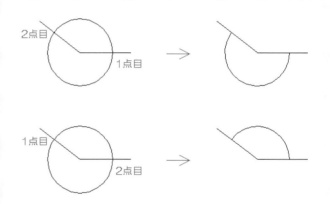

1 つの図形を 2 つに分割する（break）

1本の線を2本に分けたい場合等に使います。線分 AB を線分 AD と線分 DB に分割し、線分 DBC を E の位置に移動してみましょう。

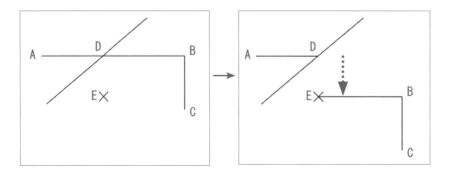

線分 AB を 2 分割する

1. コマンドを選択

「ホーム」タブの「修正」パネルタイトルをクリックし、サブパネルから「点で部分削除」ボタン□をクリックします。

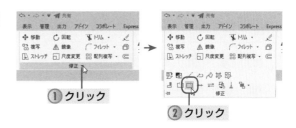

① クリック

② クリック

2. オブジェクトを選択

2分割する図形（線分 AB）をクリックして選択します。

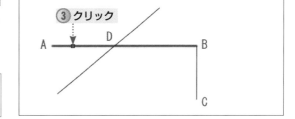

③ クリック

オブジェクトを選択:

3. 部分削除する 1 点目を指定

分割点（D 点）を OSNAP（交点）を使ってクリックします。

ブレークポイントを指定:

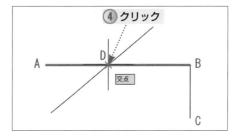

④ クリック

交点

※ AutoCAD LT 2016 〜 2021 では「部分削除する 1 点目を指定」と表示されます。

移動する

1. コマンドを選択

「ホーム」タブの「修正」パネルで「移動」ボタン✛をクリックします。

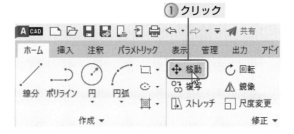

① クリック

2. 対象オブジェクトの選択（交差窓）を選択

対象物の右側でクリックします。

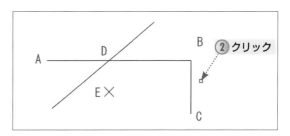

② クリック

オブジェクトを選択:

対象物の左側でクリックします。

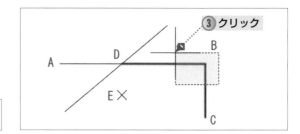

```
もう一方のコーナーを指定：
```

3. オブジェクトが選択される

右クリックして選択を確定します。

```
オブジェクトを選択：もう一方のコーナーを指定： 認識された数： 2
オブジェクトを選択：
```

```
┋ × ╱ ✛ ▾ MOVE 基点を指定 または ［移動距離(D)］<移動距離>：
```

4. 基点を指定

Oスナップ（交点）を使って基準点Dをクリックします。

```
基点を指定 または  ⊥
```

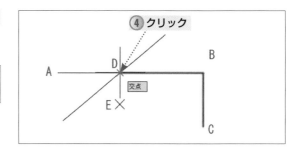

5. 目的点を指定する

移動先の目的点Eをクリックします。

```
目的点を指定 または <基点を移動距離として使用>：
```

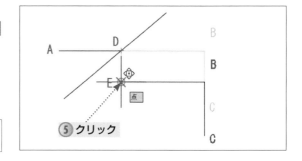

◆◆ 練習問題２ ◆◆

編集コマンドを使って編集してみましょう（寸法は不要です）。

注) ナビゲーションバーの「図面全体ズーム」をクリックし、図面範囲を作図領域に広げてから始めましょう。

問題 1

円の位置を移動しなさい。

（Chapter3-2 図形を移動する）

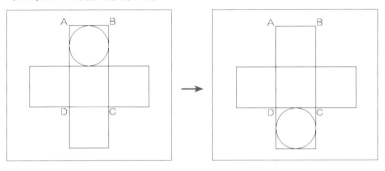

問題 2

図１を描き、図２のように編集しなさい。

（Chapter3-3 図形を複写する）

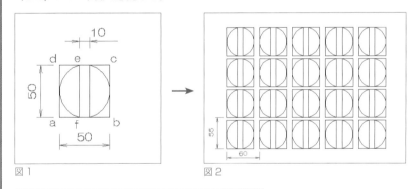

図 1　　　　　　　　　　図 2

問題 3

図１を描き、図２のように編集しなさい。

（Chapter3-4 図形の大きさを変更する）

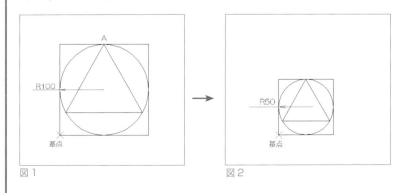

図 1　　　　　　　　　　図 2

問題 4

図１を描き、図２のように編集しなさい。
（Chapter3-5 かどの処理をする）

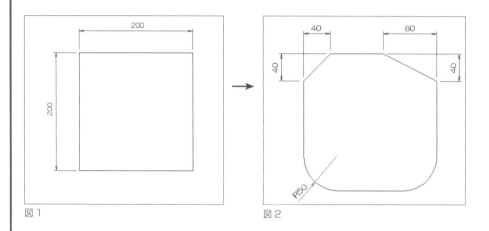

図1

図2

問題 5

半径 100mm の円に内接する星を作図しなさい。
（Chapter3-6 図形の一部分を削除する）

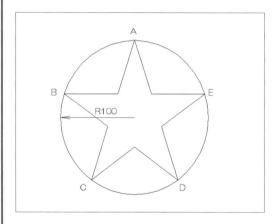

◆◆ 解答 ◆◆

問題 1 解答

1.「ホーム」タブの「修正」パネルで「移動」ボタン
⊕をクリックします。

2.円をクリックします。

3.右クリックし選択を確定します。

4.線分 AB の中点を OSNAP（交点）を使ってクリックします。

5.線分 DC の中点を OSNAP（中点）を使ってクリックします。

※正確な点の指定には、OSNAP を使用します。
　OSNAP の指定は解答と同じ種類でなくてもかまいません。

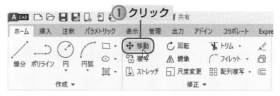

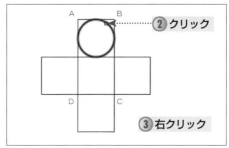

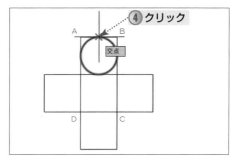

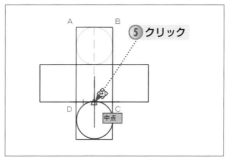

問題 2 解答

[図 1 の作成方法]

1.「ホーム」タブの「作成」パネルで「長方形」ボタン□をクリックします。

2. a点にする位置をクリックします。

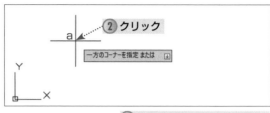

3. キーボードから50,50と入力し、Enterキーを押します。

4. 「ホーム」タブの「作成」パネルで「線分」ボタン ☑ をクリックします。

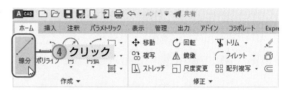

5. 線分 dc の中点を OSNAP（中点）を使ってクリックします。

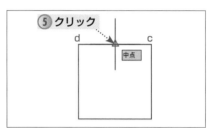

6. 線分 ab の中点を OSNAP（中点）を使ってクリックします。

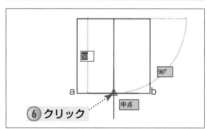

7. 右クリックし、ショートカットメニューから「Enter」を選択します（線分コマンドの終了）。

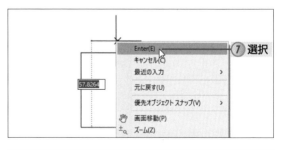

8. 「ホーム」タブの「修正」パネルで「オフセット」ボタン ☑ をクリックします。

9. キーボードから5と入力し、Enterキーを押します。

10. 長方形の中央に作図した線をクリックします。

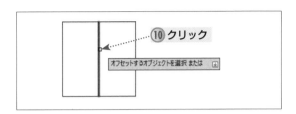

11. 選択した線の左側をクリックし、右クリックし
ショートカットメニューから「Enter」を選択します。

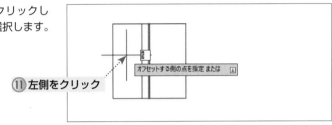

12. 「ホーム」タブの「作成」パネルで「円弧」の「3
点」ボタン □ をクリックします。

※「3点」ボタンが選択されていない場合はメニューから選択します。

13. オフセットで描いた線の上端点（e点）を
OSNAP（端点）を使ってクリックします。

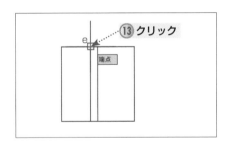

14. 線分 da の中点を OSNAP（中点）を使ってクリッ
クします。

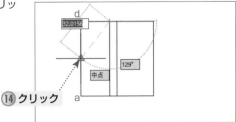

15. オフセットで描いた線の下端点（f点）を
OSNAP（端点）を使ってクリックします。

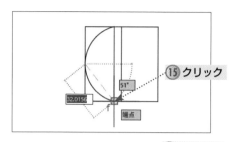

16.「ホーム」タブの「修正」パネルで「鏡像」ボタ
ン🔺をクリックします。

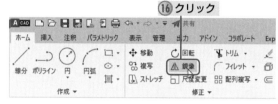

17. 円弧と線分 ef をクリックします。

18. 右クリックします。

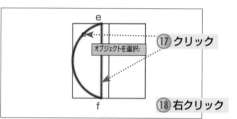

19. 正方形の中央に作図した線の上端点を OSNAP
（端点）を使ってクリックします。

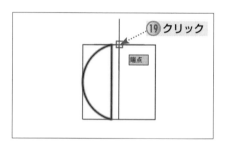

20. 正方形の中央に作図した線の下端点を OSNAP
（端点）を使ってクリックします。

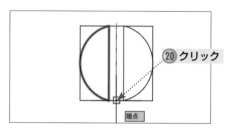

21. オプションの「いいえ（N）」をクリックします。

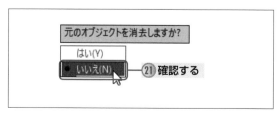

22.「ホーム」タブの「修正」パネルで「削除」ボタン をクリックします。

㉒クリック

23. 長方形の中央に作図した線をクリックします。

24. 右クリックします。

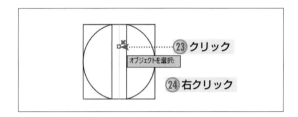

㉓クリック

オブジェクトを選択:

㉔右クリック

[図2の作成方法]
1.「ホーム」タブの「修正」パネルで、「配列複写」ボタン をクリックします。

①クリック

2. 選択窓で図1を選択し、右クリックします。

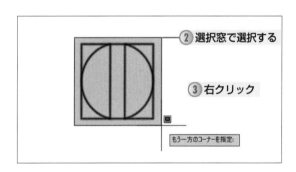

②選択窓で選択する

③右クリック

もう一方のコーナーを指定:

3.「配列複写作成」タブの「列」パネルで「列:」に5、「間隔:」に60と入力します。

4.「行」パネルで「行:」に4、「間隔:」に55と入力します。

④入力する　⑤入力する

5.「配列複写を閉じる」をクリックします。

⑥クリック

問題3 解答

[図1の作成方法]

1.「ホーム」タブの「作成」パネルで「中心、半径」ボタン 🕐 をクリックします。

※「中心、半径」が選択されていない場合にはメニューから選択します。

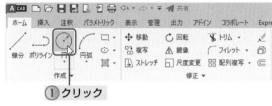

2. 円の中心位置をクリックします。

3. キーボードから100と入力し、Enterキーを押します。

4.「ホーム」タブの「作成」パネルで「長方形」ボタン □ の右の ▾ をクリックし、「ポリゴン」 ⬠ を選択します。

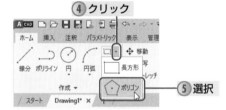

5. キーボードから4と入力し、Enterキーを押します。

6. 円の中心点をOSNAP（中心）を使ってクリックします。

7. オプションの「外接(C)」をクリックします。

8. 円の 90°方向にある点を OSNAP（四半円点）
を使ってクリックします。

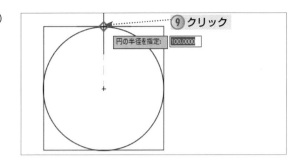

9. 右クリックし、ショートカットメニューから「繰
り返し (R)POLYGON」を選択します。

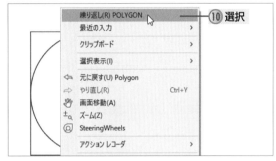

10. キーボードから 3 と入力し、Enter キーを押し
ます。

11. 円の中心点を OSNAP（中心）を使ってクリッ
クします。

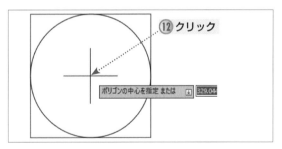

12. オプションの「内接 (I)」をクリックします。

13. 円の 90°方向にある点を OSNAP（四半円点）
を使ってクリックします。

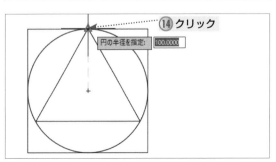

[図 2 の作成方法]
1.「ホーム」タブの「修正」パネルから、「尺度変更」
ボタン□をクリックします。

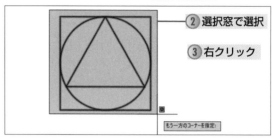

2. 選択窓で図形全体を囲みます。

3. 右クリックします。

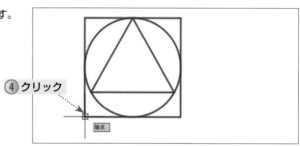

4. 基点を OSNAP（端点）を使ってクリックします。

5. キーボードから 1/2 と入力し、Enter キーを押し
ます。

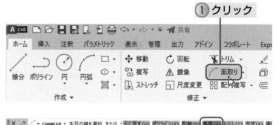

問題 4 解答

[図 1 の作成方法]
P.70「長さを指定して四角形を描く」を参照してく
ださい。

[図 2 の作成方法]
「左上かどの処理」
1.「ホーム」タブの「修正」パネルで「面取り」ボタ
ン◣をクリックします。

2. コマンドラインのオプションからオプションの「角
度 (A)」をクリックします。

3. コマンドラインに 40 と入力し、Enter キーを押し
ます。

4. キーボードから 45 と入力し、Enter キーを押します。

5. 1 本目の線をクリックします。

6. 2 本目の線をクリックします。

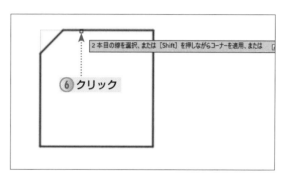

「右上かどの処理」
1. 右クリックし、ショートカットメニューから「繰り返し (R)CHAMFER」を選択します。

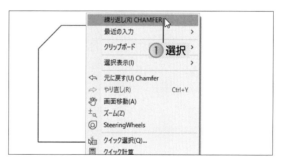

2. コマンドラインのオプションからオプションの「距離 (D)」をクリックします。

3. キーボードから 80 と入力し、Enter キーを押します。

4. キーボードから 40 と入力し、Enter キーを押します。

5.1 本目の線（水平線）をクリックします。

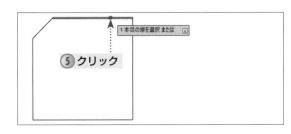

6.2 本目の線（垂直線）をクリックします。

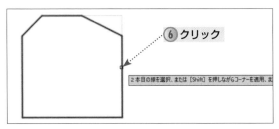

「左下、右下かどの処理」
1.「ホーム」タブの「修正」パネルで「フィレット」を選択します。

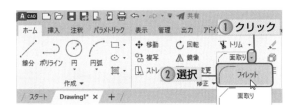

2. コマンドラインのオプションから「半径 (R)」をクリックします。

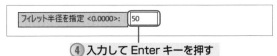

3. キーボードから50と入力し、Enter キーを押します。

4.1 本目の線をクリックします。

5.2 本目の線をクリックします。

6. 右クリックし、ショートカットメニューから「繰り返し (R)FILLET」を選択します。

7. 1 本目の線をクリックします。

8. 2 本目の線をクリックします。

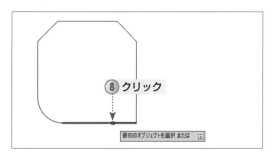

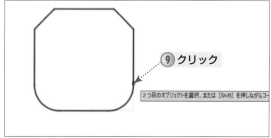

問題 5 解答

1. 「ホーム」タブの「作成」パネルで「中心、半径」ボタン⊘をクリックします。

※「中心、半径」が選択されていない場合にはメニューから選択します。

2. 中心点をクリックします。

3. キーボードから 100 と入力し、Enter キーを押します。

4. 「ホーム」タブの「作成」パネルの「長方形」ボタン▭の右の▾をクリックし、「ポリゴン」⬠を選択します。

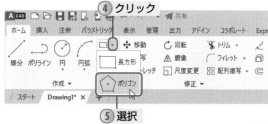

5. キーボードから5と入力し、Enterキーを押します。

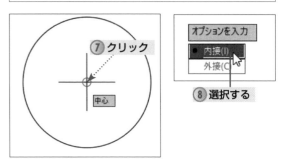

6. 円の中心点をOSNAP（中心）を使ってクリックします。

7. オプションから「内接 (I)」を選択します。

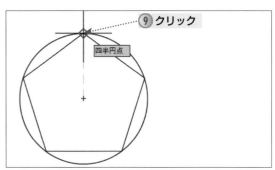

8. 円の90°の位置をOSNAP（四半円点）を使ってクリックします。

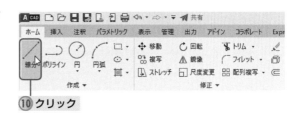

9. 「ホーム」タブの「作成」パネルで「線分」ボタン ✏ をクリックします。

10. 点A→点C→点E→点B→点D→点Aの順にOSNAP（交点または端点）を使ってクリックします。

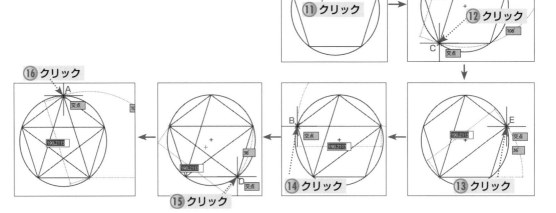

11. 右クリックし、ショートカットメニューから「Enter」を選択します。

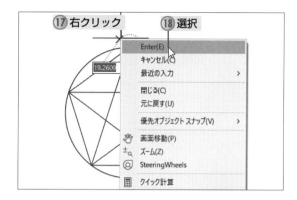

12. 「ホーム」タブの「修正」パネルで「トリム」ボタン🔲をクリックします。

※「延長」が表示されている場合はリストから「トリム」を選択します。

13. 不要な部分をクリックします。

※ AutoCAD LT 2016 ～ 2020 では、一度右クリックしてから始めます。

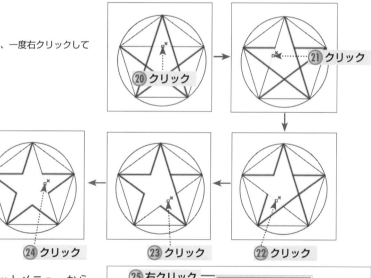

14. 右クリックし、ショートカットメニューから「Enter」を選択します。

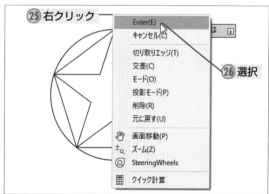

15.「ホーム」タブの「修正」パネルで「削除」ボタ
ン✎をクリックします。

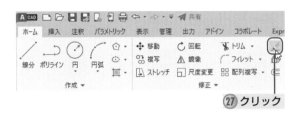

16. 正五角形をクリックします。

17. 右クリックします。

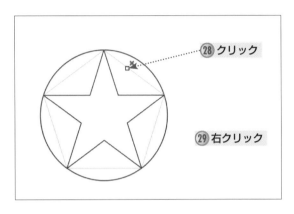

PART 4

画層の管理と操作

Chapter4-1　　画層の管理

Chapter4-2　　画層を使いこなす

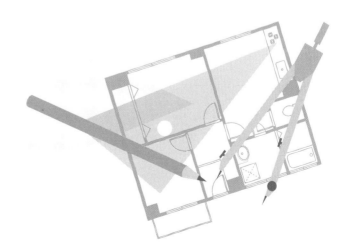

Chapter 4-1

画層の管理

前章では、図形を描くための基本的な機能について説明をしました。この章では、描いた図面を管理する時に便利な「画層管理機能」について説明します。画層は、作図中に設定することもできますが、作図前に設定しておくと、作業の効率が上がります。少し面倒に感じるかもしれませんが、図面を活用する上で重要な機能の1つですので、しっかり覚えて図面を描き始める前に設定しましょう。

画層とは

画層とは透明なシートのようなものと考えます。

AutoCADでは図面に描くパーツを何枚かの透明シート（画層）に分けて描いていきます。分けて描いた透明シートを全部重ね合わせると1枚の図面になるようにしておくのです。その際、同じ属性を持つもの同士を1枚の画層にまとめておきます。

画層を分けておくことによって、あとで必要な画層だけを表示させたり、印刷させることができます。また、編集したい画層だけを選択できるようにすることもできます。分け方は自由ですが、後で管理しやすい分け方をしましょう。

例えば、中心線・外形線・寸法線・図面枠のように分けてみます。

画層管理

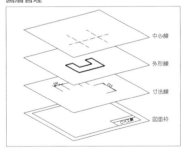

表示画面

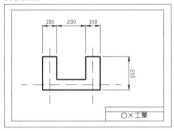

寸法線が一時的に不必要になったとします。寸法線の画層を一時的に引き抜いて非表示にします。

画層管理

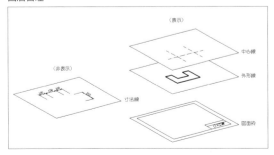

表示画面

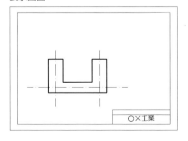

　不必要だからといって削除してしまうと、必要な時にまた書き直さなければいけません。一時的に非表示にしておくだけなら、必要な時にまた表示させればよいのです。要素で分ける他に、線の太さや色を画層に割り当てて図面を管理することもできます。この図の例では、図面の内容が細かくありませんが、実際の図面で内容が細かくなればなるほど、同じ属性の要素をまとめて扱えるメリットは大きくなります。

　AutoCAD で描く図形は必ずどこかの画層の上に描かれます。画層を使った図面作成の手順は以下のとおりです。

①必要な画層を作成

②図形を描く画層を選択

③作図

　作図した図形は選択した画層に描かれます。図形を違う画層に描く場合は、再度画層の選択を行います。

HINT & TIPS

画層を作成しなかったら？
画層を作成せずに作図をすると、図形は AutoCAD で元々用意されている 0 画層に全て描かれます。0 画層は画層名を変更することができません。また、図面の一部分だけを非表示にすることもできません。1 枚の画層に描いた後で画層を作成して移動する方法もありますが、手間が増えてしまうのでなるべく描く時に分けておきましょう。

画層を作成する

　画層には名前を付けておきます。また、その画層上で描かれる図形の線種や色を設定します。次の設定で新規の画層を作成してみましょう。

	（画層名）	（色）	（線種）	（線の太さ）
・中心線 ……	1 中心線	赤色	一点鎖線 -ISO dash dot	0.15mm
・外形線 ……	2 外形線	青色	実線 -Continuous	0.30mm
・寸法線 ……	3 寸法線	水色	実線 -Continuous	0.18mm
・図面枠 ……	4 図面枠	緑色	実線 -Continuous	0.18mm

HINT & TIPS

画層名を好きな順番に並べるには
「画層プロパティ管理」ダイアログボックスでは、画層名は昇順または降順（数字、アルファベット、五十音）に並べられます。上に表示させたい順に数字を付けておくとその順番で表示させることができます。よく使う画層を上に表示させることは「画層コントロール」を使う際の効率化につながります。

1. コマンドを選択

「ホーム」タブの「画層」パネルで「画層プロパティ管理」ボタン　をクリックします。

① クリック

「画層プロパティ管理」ダイアログボックスが表示されます。

2. 画層名を入力

1.「新規作成」ボタン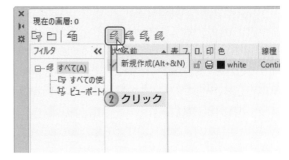をクリックします。

2. 画層名が入力できる状態になります。

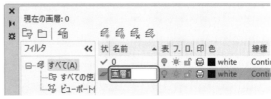

3. キーボードから「1中心線」と画層名を入力し、Enter キーを押します。

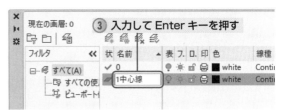

3. 色を選択

1. 中心線画層の色の部分（White）をクリックします。

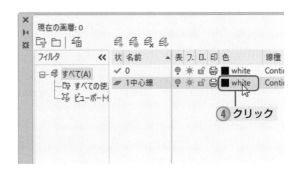

2.「色選択」ダイアログボックスが表示されます。
3. インデックスカラー 1 の「red」をクリックします。

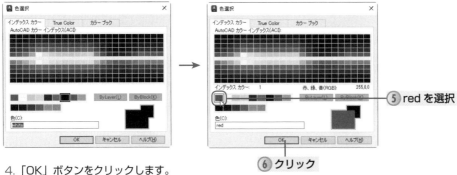

4.「OK」ボタンをクリックします。

4. 線種を選択

1. 中心線画層の線種の部分（Continuous）をクリックします。

⑦ クリック

2. 「線種を選択」ダイアログボックスが表示されます。

3. ロードされている線種の中に実線（Continuous）以外の線種がないので、「ロード」ボタンをクリックします。

⑧ クリック

⑨ クリックしてリストの下を表示

4. 「線種のロードまたは再ロード」ダイアログボックスが表示されます。

5. 「ACAD_ISO10W100」を選択し、「OK」ボタンをクリックします。

⑩ 選択
⑪ クリック

6. 「線種を選択」ダイアログボックスにロードされている線種から「ACAD_ISO10W100」を選択し、「OK」ボタンをクリックします。

⑫ 選択
⑬ クリック

5. 線の太さを選択

1. 中心線画層の「線の太さ」の部分（既定）をクリックします。

※「線の太さ」の項目が表示されていない場合は、スクロールバーを右にドラッグして表示させます。

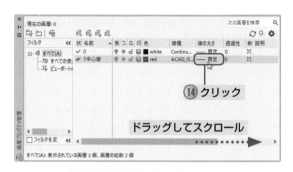

⑭ クリック

ドラッグしてスクロール

2.「線の太さ」ダイアログボックスが表示されます。
3.0.15mm を選択し、「OK」ボタンをクリックします。

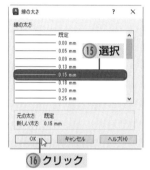

⑮ 選択

⑯ クリック

4.「中心線」画層が作成されました。

5.「2. 画層名を入力」（P.150）からの手順を繰り返して、4 つの画層を完成させます。

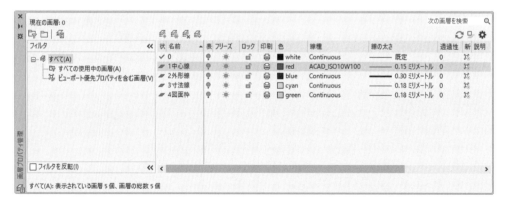

HINT & TIPS

「画層プロパティ管理」 ダイアログボックスのサイズ変更

「画層プロパティ管理」ダイアログボックスと作図領域の境界線にマウスカーソルを合わせて、ドラッグします。

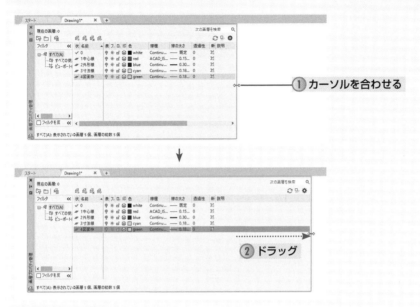

① カーソルを合わせる

② ドラッグ

「画層プロパティ管理」 ダイアログボックスの移動

タイトルバーを移動したい位置までドラッグします。

ドラッグ

ここに移動

画層プロパティ管理ボックスを閉じるには、「ホーム」タブの「画層」パネルで「画層プロパティ管理」ボタンをクリックするか、下図のようにタイトルバーの ✖ をクリックします。

クリック

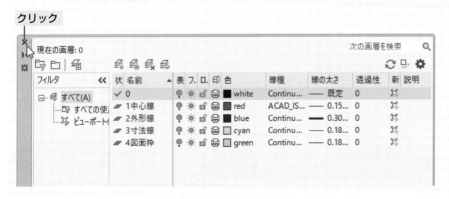

Chapter 4-2

画層を使いこなす

作成した画層は、選択して描画対象画層を切り分けたり、表示・非表示、ロックするなどの操作を行うことができます。これらの機能をうまく使いこなすと、複雑な製図も効率的に行うことができます。

図形を描く画層を選択するには

図形を描く画層を変更するには、描く前に該当する画層を現在層に設定しておく必要があります。現在層を「0」画層から「外形線」画層に変更してみましょう。

1. 該当する画層を設定

1.「ホーム」タブの「画層」パネルで「画層」の◄をクリックします。

2. プルダウンメニューから「外形線」画層をクリックします。

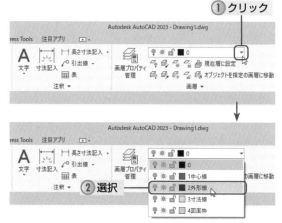

2. 画層が変更される

現在層が「外形線」画層に変更されます。
この後作図する図形は「外形線」画層に描かれます。

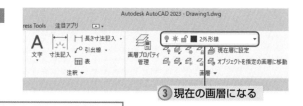

画層の表示・非表示を切り替える

図形を選択して、その図形が描かれている画層を非表示にすることができます。

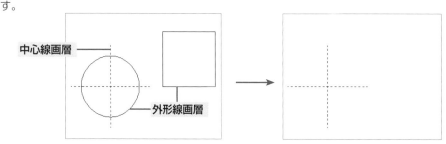

「外形線」画層に描かれた図形を非表示にします。

1. コマンドの実行

「ホーム」タブの「画層」パネルで「非表示」ボタン
をクリックします。

① クリック

2. 図形の選択

1. 非表示にしたい画層に描かれている図形（円）を
クリックします。

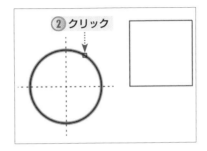

② クリック

非表示にしたい画層上にあるオブジェクトを選択 または ↓

2.「外形線」画層に描かれている円と四角形が非表示
になります。

3. コマンドの終了

右クリックし、ショートカットメニューから「Enter」
を選択します。

HINT & TIPS

画層の非表示とフリーズ

「非表示」 💡 と「フリーズ」 ❄ はどちらも画面上に画層が表
示されませんが、AutoCAD 内での処理が異なります。
「非表示」 💡 は、再描画や全選択の対象として扱われますが、
「フリーズ」 ❄ は内部的にも図形を認識させないので、図面
内のオブジェクトが多い場合「非表示」よりも処理速度が上
がります。

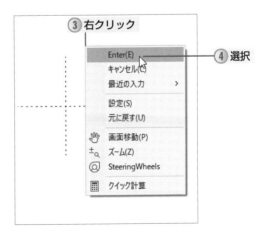

③ 右クリック

Enter(E)
キャンセル(C)
最近の入力   ▶

設定(S)
元に戻す(U)

画面移動(P)
ズーム(Z)
SteeringWheels
クイック計算

④ 選択

155

非表示画層を表示させる

「画層コントロール」では複数の画層の表示／非表示や現在層を切り替えることができます。

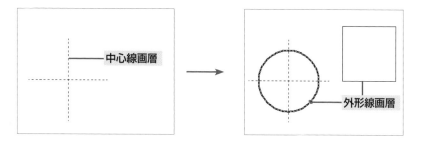

非表示に設定されている「外形線」画層上に描かれた
図形を表示し、現在層を「中心線」画層に変更します。

1. 表示／非表示の切り替え

1.「ホーム」タブの「画層」パネルで「画層」の▼を
クリックします。

① クリック

2. プルダウンメニューの中から、「外形線」画層の「表
示／非表示」ボタン💡をクリックします。電球のマー
クが黄色💡に変わります。

表示：(💡) 黄色
非表示：(💡) 青

② クリック

※続けて別の画層の設定をすることもできます。

2. 現在層の選択

「中心線」画層をクリックします。

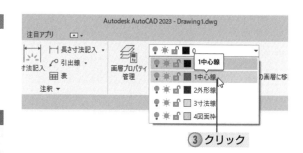

③ クリック

HINT & TIPS

非表示画層を現在層にすると

電球マーク💡をクリックして非表示💡にした後、同じ画層を
選択すると、現在画層が非表示になり、後から作図した図形
が表示されません。現在画像は非表示に設定しないようにし
ましょう。

画層の編集を制限する

　画層をロックすると、画面上には表示されますが、編集対象になりません。
目安として表示させておきたい時に便利です。「外形線」画層をロックしてみま
しょう。

1.ロック / ロック解除ボタンをクリック

1.「ホーム」タブの「画層」パネルで「画層」の▼を
クリックします。

2.プルダウンメニューの中から、「外形線」画層の「画
層のロック/ロック解除」ボタン 🔓 をクリックします。
鍵のマークの形が 🔒 に変わります。

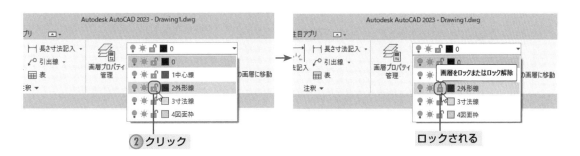

2.現在画層を選択

1.「中心線」画層をクリックします。

2.「外形線」画層がロックされ、「中心線」画層が現
在層になります。

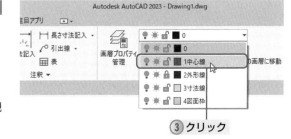

その他の方法
画層の操作は、「画層」パネルの「画層プロパティ管理」
ボタン 📑 をクリックして表示される「画層プロパティ
管理」ダイアログボックスでも同じように設定を変更
することができます。

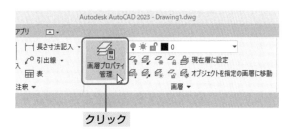

画層の順番を変更する

「画層プロパティ管理」ダイアログボックスの表示順序を画層名で昇順や降順に変更することができます。また、表示 / 非表示や色などプロパティごとに分けることもできます。名前を昇順から降順に変更してみましょう。

1. コマンドの選択

「ホーム」タブの「画層」パネルで「画層プロパティ管理」ボタン🗂をクリックします。

① クリック

2. 並べ替えたい項目名の選択

「名前」の上にマウスカーソルを合わせてクリックします。

② クリック

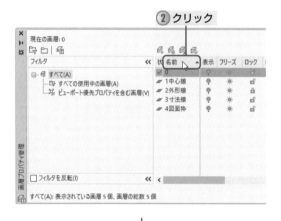

↓

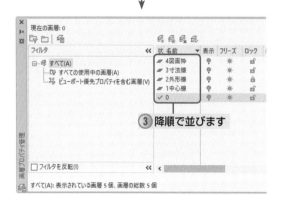

③ 降順で並びます

HINT & TIPS

項目内容を全て表示するには

項目列の幅が短いと内容の一部しか表示されません。全体を表示させるには、項目バーの区切り上にマウスカーソルを合わせ、形が ◁⇒ に変わる位置で右方向にドラッグすると、幅を広くすることができます。

例）線種の全体を表示させる

ドラッグ

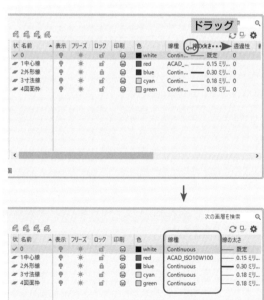

↓

PART 5

文字と寸法線を入力する

Chapter5-1 モデル空間とペーパー空間

Chapter5-2 文字を入力する（モデル空間）

Chapter5-3 寸法線を入力する（モデル空間）

Chapter5-4 平面図を描いてみよう

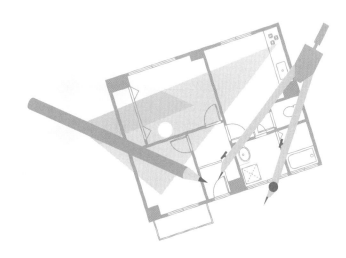

Chapter 5-1

モデル空間とペーパー空間

AutoCAD には、モデル空間とペーパー空間があります。モデル空間では作図を行い、ペーパー空間では用紙上のレイアウトを行います。それぞれに特徴があるので、違いを確認しましょう。使いこなすと印刷する時に便利です。モデル空間とペーパー空間の切り替えは「モデル」タブ、「レイアウト」タブを使って行います。

モデル空間とは

モデル空間では描きたい対象物をすべて実物大のサイズを入力して作図します。モデル空間をそのまま印刷する時は、全体に1つの縮尺をかけて用紙に入る大きさにします。

画面左下の「モデル」タブをクリック

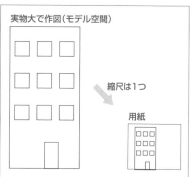

ペーパー空間とは

ペーパー空間では「ビューポート」という枠を使ってモデル空間で作図した実物大の対象物に指定した縮尺をかけた状態で表示させます。ビューポートは複数表示することができるので、同じ図を違う縮尺で表示させ用紙上にレイアウトすることができます。

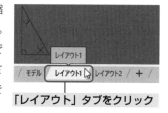

「レイアウト」タブをクリック

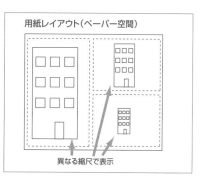

文字と寸法線

文字や寸法線は実物大といったものがないので、用紙上どれくらいの大きさで表示させるかを考えて設定します。

「異尺度対応オブジェクト」として文字や寸法線を作成するとビューポートで異なる尺度に変更しても自動的に用紙上、常に同じ大きさで表示させることができます。

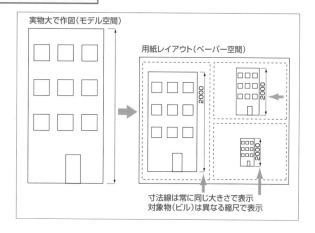

Chapter 5-2

文字を入力する（モデル空間）

AutoCADでは「文字スタイル」の設定が必要です。文字を入力するための機能には、文字を1行ずつ入力する「ダイナミック文字記入」コマンド、指定した範囲内に複数行まとめて入力する「マルチテキスト」コマンド、入力後に文字を修正する「文字編集」コマンドがあります。それぞれのコマンドについて説明します。

モデル空間で文字を描く

AutoCADで描く文字は、全て「文字スタイル」で管理されています。文字スタイルを使用して文字を描いていく手順を説明します。

①文字スタイルを設定する

②文字を描く

③文字を修正する

モデル空間から文字を入力する場合には、まず文字高と尺度について考えなくてはなりません。AutoCADでは、実物の寸法をそのまま入力するということは、前章までで説明しました。CAD上では、実物と同じ大きさで対象物（品物・建物等）が描かれていることになります。その実物大の対象物に付ける文字高は何mmが適当でしょうか？

実物大で描いた対象物は、最終的には印刷するために、紙に入る大きさに縮める必要があります。何分の1に縮小したら、紙に全体を収められるかを考えます。何分の1に縮小するかが決まったら、印刷したい文字高に逆数をかけた数を文字高にします。これは、文字を縮小しても紙に表示したい大きさになるようにするための作業です。

例）文字高は紙上3mmに印刷したい → 対象物を1/100に縮小して印刷する
　　→3×100＝300mm → 文字高は300mmに決定

文字スタイルを設定する

これから描く文字フォントを「MSゴシック」、文字高を「10mm」にし、「lesson1」というスタイル名で設定してみましょう。

1. コマンドを選択

「ホーム」タブの「注釈」パネルタイトルをクリックし、サブパネルから「文字スタイル管理」ボタン をクリックします。
その他の方法
「注釈」タブの「文字」パネルで「文字スタイル」のメニューから「文字スタイル管理」を選択します。

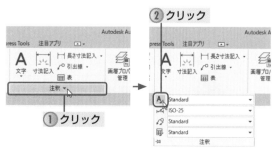

2. スタイル名を入力

1.「新規作成」ボタンをクリックします。

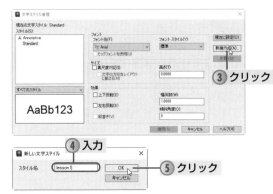

③ クリック

2.「新しい文字スタイル」ダイアログボックスが表示
されます。

3.「lesson1」とキーボードから入力し、「OK」ボ
タンをクリックします。

④ 入力

⑤ クリック

3. フォントを選択

フォント名のメニューにある▽をクリックして、プル
ダウンリストの中から「MS ゴシック」を選択します。

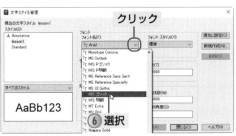

クリック

⑥ 選択

4. 文字高を設定

1.「高さ」と書いてある下のボックスをクリックして
文字の高さを入力します。
ここでは、キーボードから 10 と入力します。
「異尺度対応」のチェックは外しておきます。

2.「適用」ボタンをクリックします。

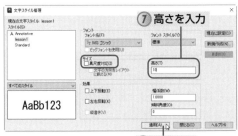

⑦ 高さを入力

⑧ クリック

5. コマンドの終了

「閉じる」ボタンをクリックします。この後に描く文
字は「lesson1」スタイルで描かれます。

注)「lesson1」スタイルのフォントを変更すると「lesson1」
スタイルで描かれている文字のフォントも変更されます。

⑨ クリック

HINT & TIPS

文字高について

図面の中で使う文字の高さは、常に同じとは限りません。同じ
文字スタイルで違う文字高を使うには、文字高の違うスタイル
をいくつか設定しておくか、設定する文字高を 0mm にしてお
く必要があります。文字高を 0mm で設定しておくと、文字を
描くたびに文字高を何 mm にするかキーボードから入力できる
ので、スタイルをいくつも登録する手間が省けます。

HINT & TIPS

文字スタイルを設定しない場合

文字スタイルの設定をせずに文字を描くと、文字は AutoCAD
で最初から用意されている「Standard」という文字スタイルで
描かれます。

文字を 1 行ずつ入力する（dtext）

　基本的な文字入力の方法です。描きたい文字列の位置、角度を指定して文字を入力します。文字スタイルは「lesson1」を使い、a 点を基準に ABCDEF と入力してみましょう。

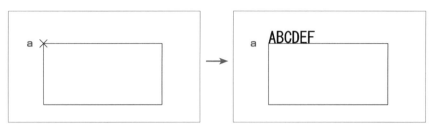

1. コマンドを選択

「ホーム」タブの「注釈」パネルで「文字」の　をクリックし「文字記入」Ⓐを選択します。
その他の方法
「注釈」タブの「文字」パネルで「文字記入」を選択します。

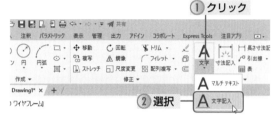

① クリック

② 選択

※ナビゲーションバーの「図面全体ズーム」をクリックし、図面範囲を作図領域に広げてから始めます。

2. 始点を指示

文字を描き始めたい位置（a 点）を OSNAP（端点）を使ってクリックします。

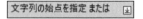

③ 始点でクリック

3. 文字列の角度を指定

文字列の角度を入力します。ツールチップに表示されている＜＞の中の角度でよければ右クリックまたは、Enter キーを押します。
違う場合は、キーボードから入力します。今回は 0°で描きたいので右クリックします。

文字列の角度を指定 <0>: ④ 入力せずに右クリック

4. 文字列を入力

「ABCDEF」とキーボードから入力し、Enter キーを押します。

5. コマンドの終了

Enter キーを押します。

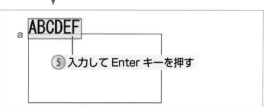

⑤ 入力して Enter キーを押す

HINT & TIPS

日本語を入力する場合の注意点

日本語を入力する前に日本語入力モードに切り替えて入力をします。入力状態を確認してから Enter キーを 1 回押して入力した文字を確定します。入力後は必ず半角英数か直接入力モードに戻しておきましょう。日本語入力モードのままでは、AutoCAD のコマンドが使えません。

日本語入力　　　　　　　　　直接入力

HINT & TIPS

複数行の文字列

「文字記入」では、キーボードの Enter キーを押して改行し複数行の文字列を入力することができます。入力後の文字列は 1 行ずつ削除や移動等の編集が可能です。

「マルチテキスト」で入力した複数行の文字列は行数にかかわらず、1 つのオブジェクトになります。

複数行まとめて入力する（mtext）

複数行の文字列を入力したい範囲を指定して、文字を入力します。「あいうえお」「かきくけこ」「さしすせそ」を 3 行に分けて描いてみましょう。

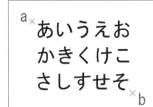

1. コマンドを選択

「ホーム」タブの「注釈」パネルで「マルチテキスト」ボタン A をクリックします。

その他の方法
「注釈」タブの「文字」パネルで「マルチテキスト」ボタン A を選択します。

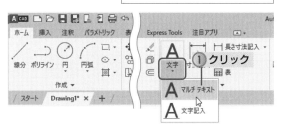

2. 入力範囲を指定

1. 最初のコーナー（a 点）をクリックします。

2. もう一方のコーナー（b 点）をクリックします。

3. リボンの「テキストエディタ」タブに文字関連のパネルが表示されます。

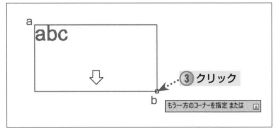

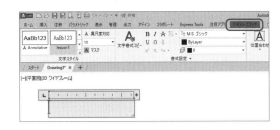

3. 文字列を入力

1. キーボードから「あいうえお」と入力し、Enter キーを 2 回押します。

2. 「かきくけこ」と入力し、Enter キーを 2 回押します。

3. 「さしすせそ」と入力し、Enter キーを押します。

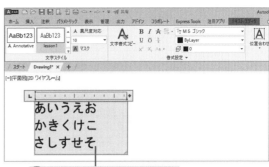

④ 入力して Enter キーを押す

4. コマンドの終了

「テキストエディタ」タブの「閉じる」パネルで「テキストエディタを閉じる」ボタンをクリックします。

⑤ クリック

入力後に文字を修正する（ddedit）

すでに書き終えた文字列の修正をします。文字修正の方法はいくつかありますが、基本的な方法について説明します。すでに書き終えた文字列「あいうえお」に「かきくけこ」を追加してみましょう。

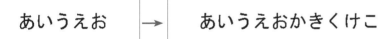

1. オブジェクトを選択

1. 修正したいオブジェクトの上でダブルクリックします。

① ダブルクリック

あいうえお

2. 「文字記入」で入力した文字列は文字が入力できる状態になります。
「マルチテキスト」コマンドで入力した文字は「テキストエディタ」タブが表示されて、編集できるようになります（文字を描いたコマンドによって違います）。

あいうえお

② 選択され編集可能になる

2. 文字を修正

「あいうえお」の後ろでクリックし、キーボードから「かきくけこ」を追加して、Enter キーを押します。

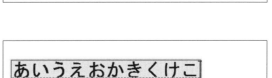

③ 文字を追加入力し Enter キーを押す

3. コマンドの終了

「文字入力」で作成した文字は、Enter キーを 2 回押してコマンドを終了します。
「マルチテキスト」コマンドで作成した文字は、「テキストエディタ」タブの「閉じる」パネルで「テキストエディタを閉じる」ボタンをクリックします。

④ クリック

覚えよう !! 〜便利な機能 4

◆文字の位置合わせオプション

文字は基本的に始点として指示した点を左下点として左詰に表示されます。位置合わせオプションを使用すると、文字のどの位置を基点にして入力するかを指定することができます。位置合わせオプションは 15 種類用意されています。両端揃えについて説明します。

位置合わせオプションの種類

左寄せ (L)・中心 (C)・右寄せ (R)・両端揃え (A)・中央 (M)・フィット (F)・左上 (TL)・上中心 (TC)・右上 (TR)・左中央 (ML)・中央 (MC)・右中央 (MR)・左下 (BL)・下中心 (BC)・右下 (BR)

使用例)「AutoCAD」を a 点と b 点の間で両端揃え入力をします。

オプション例

C(中心)	AutoCAD	M(中央)	AutoCAD
R(右寄せ)	AutoCAD	TL(左上)	AutoCAD
TC(上中心)	AutoCAD	TR(右上)	AutoCAD

1. コマンドを選択

「ホーム」タブの「注釈」パネルから「文字」の をクリックし「文字記入」ボタン A をクリックします。

文字列の始点を指定 または

① クリック

2. 位置合わせオプションの選択

コマンドラインで、オプションの中から「位置合わせオプション (J)」をクリックします。

② オプションを選択

(次ページへ続く)

3. 実行したいオプションの選択

コマンドラインでオプションをクリックします。

ダイナミックプロンプト

③ **オプションを選択**

コマンドライン

> 文字列の始点を指定 または [位置合わせオプション(J)/文字スタイル変更(S)]: J
> A ▾ TEXT オプションを入力 [左寄せ(L) 中心(C) 右寄せ(R) 両端揃え(A) 中央(M) フィット(F) 左上(TL) 上中心(TC) 右上(TR) 左中央(ML) 中央(MC) 右中央(MR) 左下(BL) 下中心(BC) 右下(BR)]:

その他の方法

ダイナミックプロンプトで表示されたオプションの中か
ら実行したいオプションをマウスでクリックします。

4. 始点を指定

a 点を OSNAP（端点）を使ってクリックします。

> 文字列の基準線の始点を指定:

④ **クリック**

5. 終点を指定

b 点を OSNAP（端点）を使ってクリックします。

> 文字列の基準線の終点を指定:

⑤ **クリック**

6. 文字列を入力

キーボードから AutoCAD と入力して Enter キーを押し
ます。

⑥ 入力して Enter キーを押す

7. コマンドの終了

キーボードの Enter キーを 2 回押します。
※半角入力の場合は 1 回です。

HINT & TIPS

位置合わせオプション入力時の注意

文字を入力する時のメッセージは、選んだ位置合わせオプショ
ンによって変わります。ダイナミックプロンプトやコマンド
ラインのメッセージを確認しながら作業を進めましょう。

Chapter 5-3

寸法線を入力する（モデル空間）

AutoCADの寸法線は、全て「寸法スタイル」で管理されています。寸法スタイルの設定方法と寸法の記入をする方法について説明します。

寸法線を記入する手順

寸法を記入するには、

①寸法スタイルを設定する

②寸法線を入力する

③寸法線を修正する

という流れで作業を進めます。

　モデル空間から寸法線を入力する場合には寸法値高・矢印記号のサイズと尺度について注意します。寸法線の設定に必要な代表的パーツの名称について確認しましょう。

寸法スタイルを設定する

　例としてモデル空間から縮尺1/10で印刷する場合に次のようなスタイルで印刷されるように寸法スタイルを設定してみましょう。

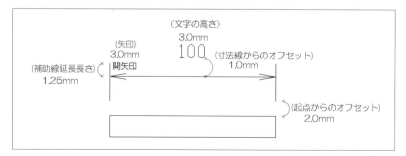

設定内容は開始元のスタイルと違う部分を変更していきます。

1. コマンドを選択

「ホーム」タブの「注釈」パネルタイトルをクリックし、サブパネルから「寸法スタイル管理」ボタン ⊬ をクリックします。

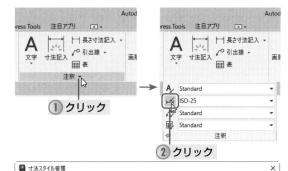

2. スタイル名を入力

1.「寸法スタイル管理」ダイアログボックスで「新規作成」ボタンをクリックします。

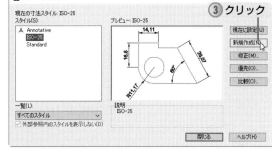

2.「寸法スタイルを新規作成」ダイアログボックスが表示されます。

3.「新しいスタイル名」に「1-10」とキーボードから入力し、「続ける」をクリックします。

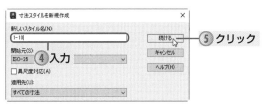

3. 寸法線と矢印の設定

1.「寸法線」タブをクリックします。

2.「補助線延長長さ」は同じにするので変更しません。「起点からのオフセット」に「2」と入力します。

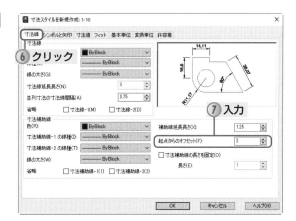

3.「シンボルと矢印」タブをクリックします。

4.矢印の「1番目」の◡をクリックして「開矢印」を選択します。「2番目」は自動的に1番目と同じ種類の矢印が設定されます。

5.「矢印のサイズ」にキーボードから「3」と入力します。

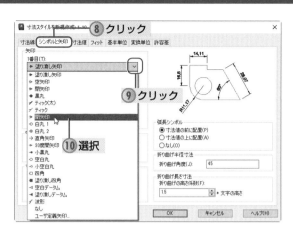

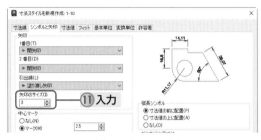

4. 寸法値の設定

1.「寸法値」タブをクリックします。

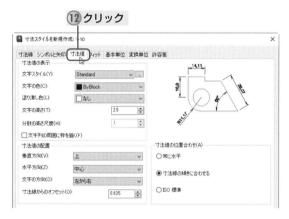

2.「文字の高さ」にキーボードから3と入力します。

3.「寸法線からのオフセット」にキーボードから1と入力します。

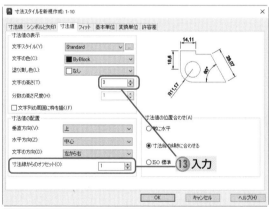

5. 尺度の設定

1.「フィット」タブをクリックします。

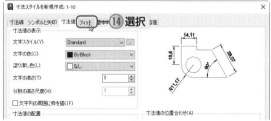

2.「全体の尺度」にキーボードから「10」と入力します。
3.「OK」ボタンをクリックします。

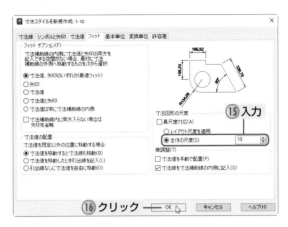

6. コマンドの終了

1.「現在に設定」ボタンをクリックします。
2.「閉じる」ボタンをクリックします。

新しく「1-10」という名前の寸法スタイルが完成しました。

※この寸法スタイルを使って寸法線を描くと、寸法値30mm、矢印30mm、起点からのオフセット20mm、補助線延長長さ12.5mmの寸法線が描かれます（設定値の10倍）。

HINT & TIPS

寸法スタイルを変更するには
「ホーム」タブの「注釈」パネルまたは「注釈」タブの「寸法記入」パネルで「寸法スタイル」の ✓ をクリックして変更したいスタイル名を選択します。

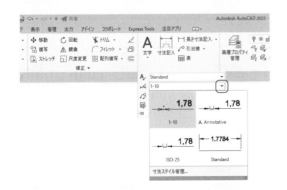

HINT & TIPS

現在の寸法スタイルを確認するには
「寸法スタイル」で表示されているスタイル名が現在の寸法スタイルです。

HINT & TIPS

寸法スタイルを設定しない場合
寸法スタイルを設定せずに寸法の記入をすると寸法はAutoCADに最初から用意されている「ISO-25」という寸法スタイルで記入されます。

寸法線を入力する

　寸法入力をするための代表的な機能についてそれぞれの記入方法を説明します。説明は 1/1 で印刷できる大きさの図形に対して行っていきますので、寸法スタイルは標準の「ISO-25」に戻しておきましょう。

注）ナビゲーションバーの「図面全体ズーム」をクリックし、図面範囲を作図領域に広げてから始めます。

水平・垂直の長さを記入する（dimlinear）

　寸法線を記入する図形の「始点」「終点」「寸法線を表示したい位置」を指示して水平方向、垂直方向に寸法線を記入します。四角形 ABDC に水平寸法、垂直寸法を記入してみましょう。

注）寸法をとるポイントは正確に行うことです。OSNAP を設定し、記入途中では「ズーム」コマンドを活用しましょう。

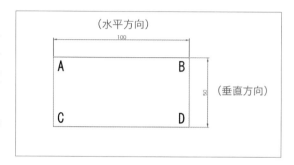

1. コマンドを選択

「ホーム」タブの「注釈」パネルで「長さ寸法記入」ボタンを選択します。

その他の方法
「注釈」タブの「寸法記入」パネルで「長さ寸法」を選択します。

2.1 本目の寸法補助線の起点を指定

寸法記入を始めたい位置（A 点）を OSNAP（端点）を使ってクリックします。

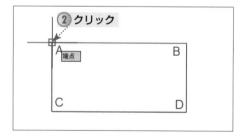

```
1本目の寸法補助線の起点を指定 または <オブジェクトを選択>:
```

3.2 本目の寸法補助線の起点を指定

寸法記入を終了したい位置（B 点）を OSNAP（端点）を使ってクリックします。

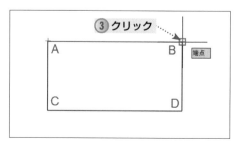

```
2本目の寸法補助線の起点を指定:
```

4. 寸法線の位置を指定

寸法線を表示したい位置でクリックします。

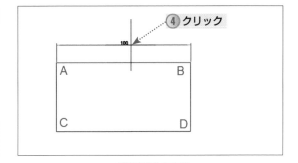

寸法線の位置を指定 または 　⬇

5. コマンドを選択

作図領域で右クリックし、ショートカットメニューから「繰り返し (R)DIMLINEAR」を選択します。

6. 拡大表示

1. 画面表示が細かくて、点がうまく拾えない場合は「ズーム機能」をコマンドの途中で割り込んで使います。「ナビゲーションバー」から「窓ズーム」を選択します。

2. 拡大したい位置の2点を指定して窓で囲みます。

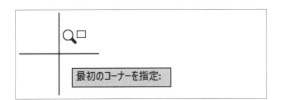

最初のコーナーを指定:

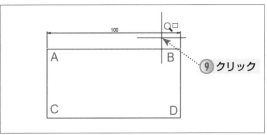

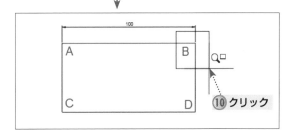

もう一方のコーナーを指定:

7.1 本目の寸法補助線の起点を指定

寸法記入を始めたい位置（B点）をOSNAP（端点）を使ってクリックします。

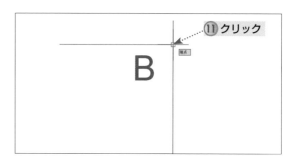

`1本目の寸法補助線の起点を指定 または <オブジェクトを選択>:`

8. 画面表示を元に戻す

このままの表示では2点目が表示されていないので、「ナビゲーションバー」から「前画面ズーム」を選択します。画面を1つ前の表示状態に戻します。

9.2 本目の寸法補助線の起点を指定

寸法記入を終了したい位置（D点）をOSNAP（端点）を使ってクリックします。

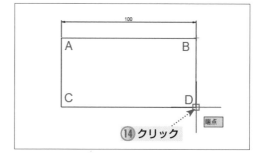

`2本目の寸法補助線の起点を指定:`

10. 寸法線の位置を指定

寸法線を表示したい位置でクリックします。

`寸法線の位置を指定 または　⊥`

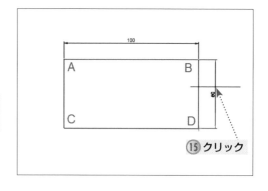

連続した寸法線を記入する（直列寸法記入）

　連続した寸法線を記入するためには、「直列寸法記入」をする前に基準となる寸法線を「長さ寸法記入」しておく必要があります。「直列寸法記入」を使うと1本目の寸法補助線の起点指定と、寸法線の位置の指定を省略することができます。寸法線の位置は基準となる直前の寸法位置と同じになります（左図の①の部分は直前に「長さ寸法記入」をしてある前提で説明します）。

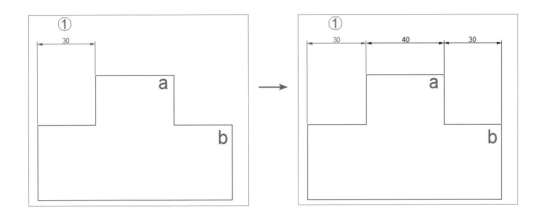

1. コマンドを選択

「注釈」タブの「寸法記入」パネルで「直列寸法記入」をクリックします。

① クリック

2. 2本目の寸法補助線の起点を指定

寸法記入を終了したい位置（a点）を OSNAP（端点）を使ってクリックします。

2本目の寸法補助線の起点を指定 または

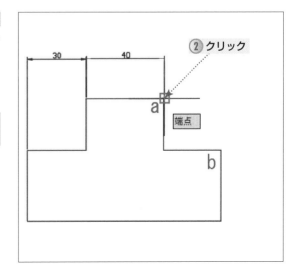

② クリック

端点

3.3 本目の寸法補助線の起点を指定

寸法記入を終了したい位置（b点）を、OSNAP（端点）を使ってクリックします。

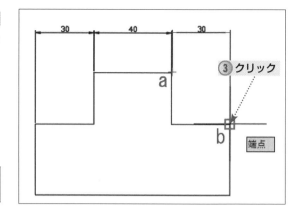

③ クリック

b

端点

> 2本目の寸法補助線の起点を指定 または　[↓]

4. コマンドの終了

1. 作図領域で右クリックをし、ショートカットメニューから「Enter」を選択します。

寸法値: 30
2 本目の寸法補助線の起点を指定 または [選択(S)/元に戻す(U)] <選択>:
‖ × ♪ ┼┼▼ DIMCONTINUE 直列記入の寸法オブジェクトを選択:

2. もう一度右クリックします。

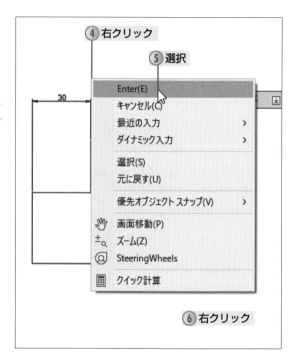

④ 右クリック

⑤ 選択

| Enter(E) |
| キャンセル(C) |
| 最近の入力 　　　　　　　　 > |
| ダイナミック入力 　　　　　 > |
| 選択(S) |
| 元に戻す(U) |
| 優先オブジェクト スナップ(V) 　 > |
| 🖐 画面移動(P) |
| ±🔍 ズーム(Z) |
| ⓠ SteeringWheels |
| ▦ クイック計算 |

⑥ 右クリック

HINT & TIPS

長さ寸法記入の直後でない場合

基準となる寸法線の記入が「直列寸法記入」をする直前ではなかった場合、ダイナミックプロンプトやコマンドウィンドウに「直列記入の寸法オブジェクトを選択:」と表示されるので、基準となる寸法線上でクリックしてから2本目の寸法補助線の指定を行います。

> 直列記入の寸法オブジェクトを選択:

寸法線の表示を並列にする（並列寸法記入）

　並列に寸法線を入れるためには、「並列寸法記入」をする前に基準となる寸法線を「長さ寸法記入」しておく必要があります。「並列寸法記入」を使うと1本目の寸法補助線の起点指定と、寸法線の位置の指定を省略することができます。寸法線の位置は基準の寸法線から寸法スタイルの「並列寸法の寸法線間隔」に設定してある間隔を離した位置です（図の①の部分は直前に「長さ寸法記入」をしてある前提で説明します）。

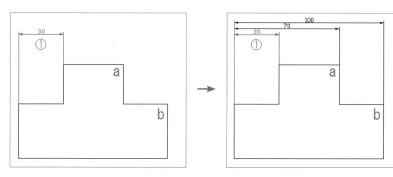

1. コマンドを選択

「注釈」タブの「寸法記入」パネルで「並列寸法記入」をクリックします。

2.2本目の寸法補助線の起点を指定

寸法記入を終了したい位置（a点）をOSNAP（端点）を使ってクリックします。

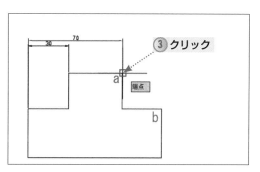

3.3本目の寸法補助線の起点を指定

寸法記入を終了したい位置（b点）をOSNAP（端点）を使ってクリックします。

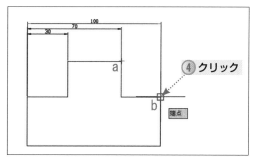

4. コマンドの終了

1. 作図領域で右クリックし、ショートカットメニュー
から「Enter」をクリックします。

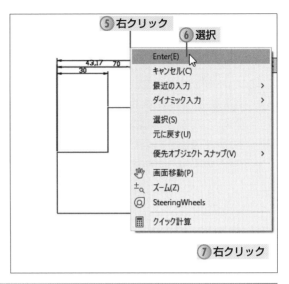

2. もう一度右クリックします。

HINT & TIPS

基準となる寸法線の位置が違う場合

コマンドラインのオプションから「選択 (S)」をクリックし、基準とする寸法線を変更します。

`✕ 🔧 ⊢ ▼ DIMBASELINE 2 本目の寸法補助線の起点を指定 または [ 選択(S) 元に戻す(U)] <選択>:`

平行方向に長さ寸法を記入する（平行寸法記入）

　寸法を記入する図形の「始点」「終点」「寸法線を表示したい位置」
を指示して平行方向に寸法線を記入します。三角形 abc の線分 ac
に平行寸法を記入してみましょう。

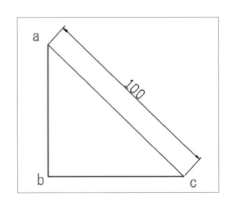

1. コマンドを選択

「注釈」タブの「寸法記入」パネルで「平行寸法」を
クリックします。

その他の方法
「ホーム」タブの「注釈」パネルで「平行寸法記入」
を選択します。

2.1 本目の寸法補助線の起点を指定

寸法記入を始めたい位置（a 点）を OSNAP（端点）を使ってクリックします。

1本目の寸法補助線の起点を指定 または <オブジェクトを選択>:

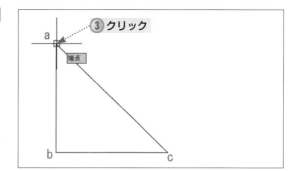

3.2 本目の寸法補助線の起点を指定

寸法記入を終了したい位置（c 点）を OSNAP（端点）を使ってクリックします。

2本目の寸法補助線の起点を指定:

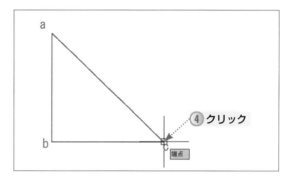

4. 寸法線の位置を指定

寸法線を表示したい位置でクリックします。

寸法線の位置を指定 または [↓]

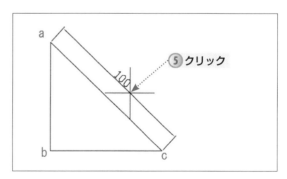

半径寸法を記入する（半径寸法記入）

　円または、円弧に寸法線を記入するには、対象図形を選択し、寸法線を表示したい位置を指示します。寸法値の前には自動的に R 記号がつきます。半径寸法を記入してみましょう。

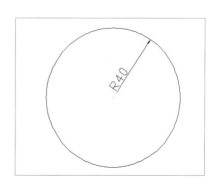

1. コマンドを選択

「注釈」タブの「寸法記入」パネルで「半径寸法」を
クリックします。

その他の方法
「ホーム」タブの「注釈」パネルで「半径寸法記入」
を選択します。

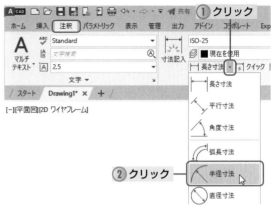

2. 円を選択

寸法記入をする図形（円）をクリックします。

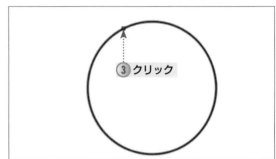

円弧または円を選択:

3. 寸法線の位置を指定

寸法記入をしたい位置をクリックします。

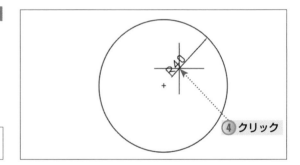

寸法線の位置を指定 または ⊡

HINT & TIPS

寸法線の形状
寸法線の形状は寸法位置を円の内側で指示するか、外側で指示するかによって形
が変わります。

円と平行線の中心線
LT2017 以降では、円と平行線に中心線を描くことができます。
注釈タブの中心線パネルからコマンドを実行します。

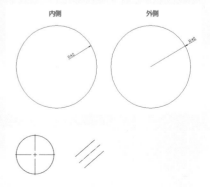

HINT & TIPS

直径寸法を記入するには

「直径寸法記入」コマンドを使います。使い方は半径寸法と同様です。

「直径寸法記入」で寸法を記入すると、寸法値の前に自動的に φ（ファイ）の記号がつきます。

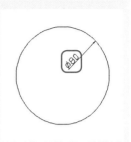

角度寸法線を記入する（角度寸法記入）

角度寸法線を記入するには、「角を作る 2 本の線分」と「寸法線を表示したい位置」を指示します。寸法値の後ろには自動的に ° 記号がつきます。角 abc に角度寸法線を記入してみましょう。

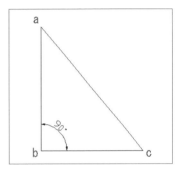

1. コマンドを選択

「注釈」タブの「寸法記入」パネルで「角度寸法」をクリックします。

その他の方法

「ホーム」タブの「注釈」パネルで「角度寸法記入」を選択します。

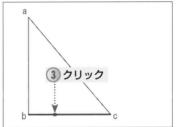

2. 線分を選択

角を作る線分 bc をクリックします。

円弧、円、線分を選択 または <頂点を指定(S)>:

3.2 本目の線分を選択

角を作る線分 ab をクリックします。

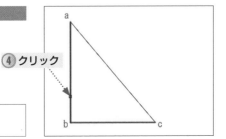

2 本目の線分を選択:

4. 寸法線の位置を指定

寸法線を記入したい位置をクリックします。

円弧寸法線の位置を指定 または ↓

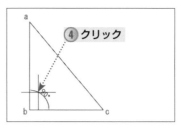

④ クリック

HINT & TIPS

自動で適した寸法メニューを選択する

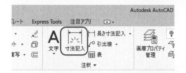

「ホーム」タブの「注釈」パネルで「寸法記入」を実行すると、選択したオブジェクトに応じた寸法記入をすることができます。

オプションから実行する寸法コマンドの指定もできます。（コマンドライン）

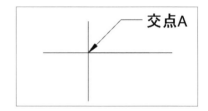

（ダイナミック入力）

引出線を記入する（マルチ引出線）

引出線を記入するには、「線を引き出したいポイント」と「表示位置」を指示します。交点から引出線を引き、交点Aと入力してみましょう。

交点A

1. コマンドを選択

「注釈」タブの「引出線」パネルで「マルチ引出線」をクリックします。

その他の方法

「ホーム」タブの「注釈」パネルで「引出線」をクリックします。

① クリック

2. 引出線の1番目の点を指定

線を引き出したいポイントを OSNAP（交点）を使ってクリックします。

引出線の矢印の位置を指定 または

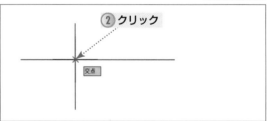

② クリック

交点

3. 次の点を指定

引出線の曲げたい位置をクリックします。

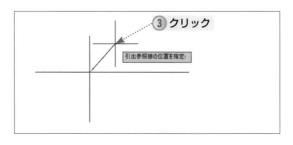

③ クリック

引出参照線の位置を指定:

4. 注釈文字列の最初の行を入力

キーボードから「交点A」と入力し、Enter キーを押します。

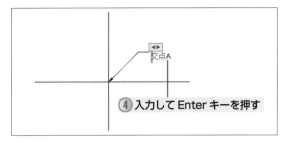

④ 入力して Enter キーを押す

5. コマンドの終了

「テキストエディタ」タブの「テキストエディタを閉じる」をクリックします。

⑤ クリック

HINT & TIPS

マルチ引出線のスタイル

マルチ引出線の形状は「注釈」タブの「マルチ引出線スタイル管理」で決められています。

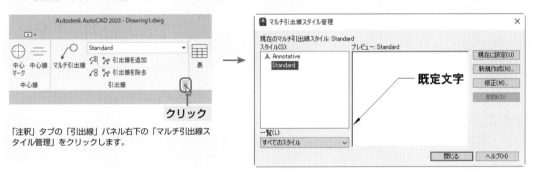

クリック

「注釈」タブの「引出線」パネル右下の「マルチ引出線スタイル管理」をクリックします。

寸法オブジェクトを修正する（dimedit）

寸法位置をスライドさせる

　長さ寸法記入した寸法オブジェクトを指定した角度にスライドさせます。スライド寸法で 30°スライドさせてみましょう。

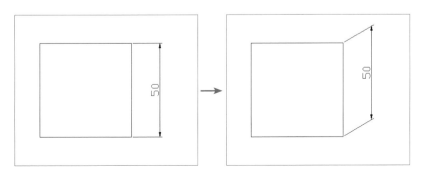

1. コマンドを選択

1.「注釈」タブの「寸法記入」パネルタイトルをクリックし、「スライド寸法」ボタン をクリックします。

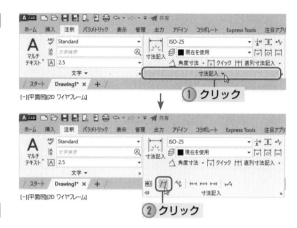

① クリック

② クリック

2. オブジェクトを選択

スライドさせたい寸法オブジェクト上でクリックし、右クリックします。

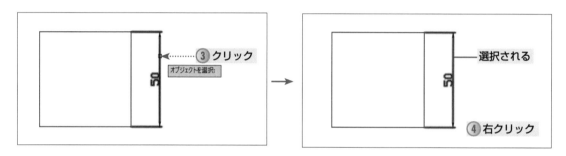

③ クリック

オブジェクトを選択:

選択される

④ 右クリック

3. スライド角度を入力

スライドさせたい角度を入力します。
キーボードから「30」と入力し、Enter キーを押します。

⑤ 入力して Enter キーを押す

スライド角度を入力 (なしの場合は [Enter] キーを押す): | 30

寸法値を変更する

　長さ寸法記入した寸法オブジェクトの寸法値を変更します。寸法値に mm
を追加してみましょう。

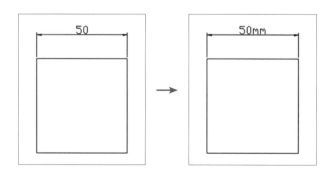

1. オブジェクトを選択

編集したい寸法値をクリックします。

2. コマンドを選択

右クリックしショートカットメニューから「クイック
プロパティ」を選択しチェックします。

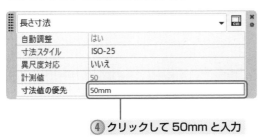

3. 寸法値の変更

クイックプロパティで「寸法値の優先」の右側の枠内
をクリックし、50mm と入力します。

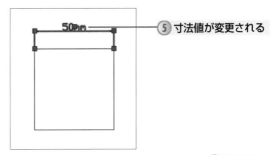

4. コマンドの終了

クイックプロパティの右上の「閉じる」ボタンをクリッ
クして、「クイックプロパティ」を閉じます。

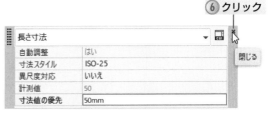

5. オブジェクトの選択解除

キーボードの Esc キーを押すと、オブジェクトの選
択が解除されます。
その他の方法
編集したい寸法値をダブルクリックし、編集します。
編集後は「テキストエディタを閉じる」をクリックし、
終了します。

※オブジェクトのサイズ変更に合わせて寸法値を変更する場合は
寸法値の部分を <> と入力します。
<>mm

寸法値の位置を変更する

長さ寸法記入した寸法オブジェクトの寸法値の位置を変更します。

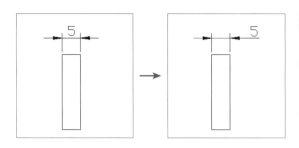

1. 寸法を選択

位置を変更したい寸法オブジェクト上でクリックすると、寸法線が選択され青いグリップが表示されます。

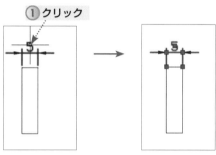

2. メニューを選択

寸法値のグリップ上にマウスを合わせ、リストから「引出線とともに移動」を選択します。

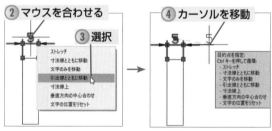

3. 寸法値の新しい位置を指定

寸法値の移動先にカーソルを移動し、新しい位置でクリックします。

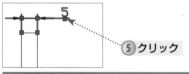

4. 選択の解除

キーボードの Esc キーを押します。

寸法線の間隔を揃える

平行に並んでいる寸法線の間隔を揃えます。寸法
間隔を 10mm に揃えてみましょう。

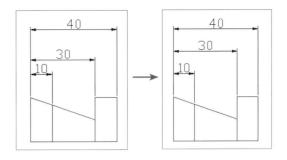

1. コマンドを選択

「注釈」タブの「寸法記入」パネルで「寸法線間隔」
ボタン⊤をクリックします。

① クリック

2. 基準の選択

基準にする寸法線をクリックします。

> 基準の寸法を選択:

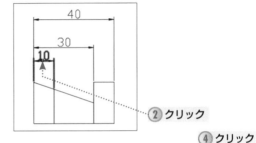

② クリック

④ クリック

3. オブジェクトの選択

間隔を揃えたい寸法線をすべてクリックします。

> 間隔を調整する寸法を選択:

③ クリック

⑤ 右クリック

4. 確定

右クリックし確定します。

5. 間隔の設定

間隔をキーボードから入力し、Enter キーを押します。
間隔を指定しない場合は、オプションから「自動」を
選択します。

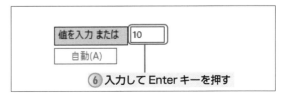

値を入力 または [10]

自動(A)

⑥ 入力して Enter キーを押す

> 間隔を調整する寸法を選択：認識された数： 1，総数 2
> 間隔を調整する寸法を選択：

⋮× ✎ ⊤▼ DIMSPACE 値を入力 または [自動(A)] <自動>:

Chapter 5-4

平面図を描いてみよう

ここまでで、AutoCAD の基本的な個々の機能について説明しました。この章では、モデル空間で作図をする場合の全体の流れを確認するために簡単な平面図で演習してみましょう。

A3 の用紙（420×297）を横向きに使い 1/50 の縮尺で部屋の間取り図を描きます。

図面範囲の設定

どのくらいの範囲を使って作図をするかあらかじめ設定します。設定した図面範囲内だけにグリッドを表示することができます。

1. コマンドを選択

キーボードから limits と入力し、Enter キーを押します。

※コマンドの一部を入力すると自動的に補完されます。

① 入力し Enter キーを押す

```
LIMITS
囲 LIMITS
⊞ GRIPOBJLIMIT
⊞ PROPOBJLIMIT
⊞ SELECTIONPREVIEWLIMIT
```

2. 左下コーナーを指定

キーボードの↓キーを押しオプションメニューから「0.0000,0.0000」を選択し、Enter キーを押します。

モデル空間 の図面範囲をリセット:
左下コーナーを指定 または

● 0.0000,0.0000
オン(ON)
オフ(OFF)

② 選択して Enter キーを押す

3. 右上コーナーを指定

右上の座標を入力します。実物大の対象物が入るように用紙サイズを 50 倍した図面範囲を設定します。
キーボードから 21000,14850 と入力し、Enter キーを押します。

右上コーナーを指定 <420.0000,297.0000>: | 21000 | 🔒 | 14850

③ 入力して Enter キーを押す

4. グリッドの設定 ON

「ステータスバー」の「スナップ」ボタン右側の・をク
リックし、表示されたリストから「スナップ設定」を
選択します。
「作図補助設定」でグリッド間隔とスナップ間隔を
500 に変更し、「グリッドオン」をチェックします。
グリッドスタイルの「2D モデル空間」にチェックを
入れて、グリッドをドットで表示します。

5. グリッドの境界設定

「図面範囲外のグリッドを表示」のチェックをはずし、
図面範囲だけにグリッドが表示されるようにします。

④ 設定する
⑤ チェックをはずす
⑥ クリック

6. 図面範囲全体を表示

「ナビゲーションバー」のズームメニューから「図面
全体ズーム」を選択します。

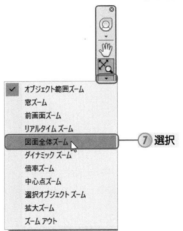

⑦ 選択

HINT & TIPS

グリッド表示
グリッドの表示はドットとラインのいずれかを選択することができます。

ライン
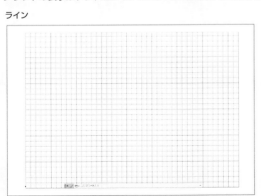

ドット

寸法線のスタイル設定

　モデル空間から記入するための寸法線のスタイル設定をします。設定内容は、以下のとおりです（「ホーム」タブの「注釈」パネルで「寸法スタイル管理」を選択）。

　① **スタイル名　heimen**

　② **「寸法線」タブの起点からのオフセットを 2**

　③ **「寸法値」タブの文字の高さを 3**

　④ **「フィット」タブの全体の尺度を 50**

文字設定

　文字スタイルの設定をします。設定内容は以下のとおりです。

　Standard を基準にします（「ホーム」タブの「注釈」パネルから「文字スタイル管理」を選択）。

　① **スタイル名　heimen50-5**

　② **文字高を 250**

　注）1/50 で印刷した時、文字高は 5mm になります。

画層設定

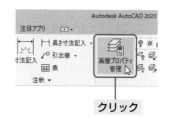

　作図するのに必要な画層を用意します。「ホーム」タブの「画層」パネルで「画層プロパティ管理」をクリックして、「画層プロパティ管理」ダイアログボックスから次のように設定します（画層の設定方法は、P.149「画層を作成する」を参照)。

（画層名）	（色）	（線種）	（図形種類）
1center	red	ACAD_ISO10W100	中心線
2hashira	cyan	Continuous	柱
3gaikei	white	Continuous	外形線
4sunpou	white	Continuous	寸法線
5mozi	white	Continuous	文字
6hojo	8 (インデックスカラーの濃いグレー)	Continuous	補助線

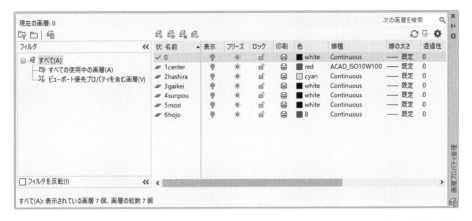

HINT & TIPS

線種の尺度設定

モデル空間で線を描く時に、線種の尺度が合っ
ていないと、点線や一点鎖線が直線に表示され
てしまいます。モデル空間に合った尺度で表示
させるには、「ホーム」タブの「プロパティ」パ
ネルの線種コントロールから「その他」をクリッ
クします。「線種管理」ダイアログボックスで「詳
細を表示」をクリックし、グローバル線種尺度
に印刷時の縮尺の逆数を設定します。

例）1/50 で印刷する場合 → 50

1. 「グローバル線種尺度」を 50 に変更します。
2. 「尺度設定にペーパー空間の単位を使用」のチェックをはずします。
3. 「OK」をクリックします。

注）グローバル線種尺度が表示されていない場合は、「詳細を表示」ボタンをクリックします。

平面図を描く

　部屋の間取り図を作図してみましょう。各コマンドの使用方法については、
それぞれのページを参照して下さい。

　　注）正確な点を拾うためにグリッドやスナップ、OSNAP を活用し、必要のない時は OFF にしま
　　　　しょう。

中心線を作図する

1. 画層を選択

「ホーム」タブの「画層」パネルで「1center」画層
を選択し、現在層にします。

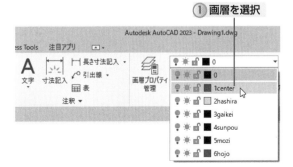

① 画層を選択

2. 垂直線を描く

「ホーム」タブの「作成」パネルで「線分」ボタン☐
をクリックし垂直線を描きます（直交モードをオン）。

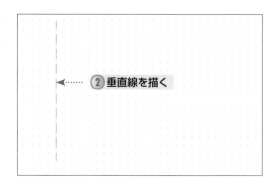

3. 左側から平行線を描く

「ホーム」タブの「修正」パネルの「オフセット」ボ
タン☐で平行線を描きます。
間隔は、左側から2730、1820、2275、2275、
1820です。

③ オフセットで平行線を描く

4. 水平線を描く

「線分」ボタン☐で水平線を描きます。

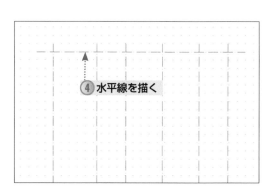

5. 上側から平行線を描く

「オフセット」ボタン☐で平行線を描きます。
間隔は、上側から1820、1820、3640です。

⑤ 上側から平行線を描く

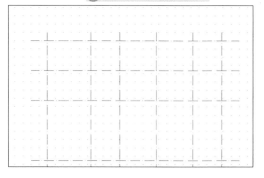

6. 寸法線を描く

「画層」パネルで「4sunpou」画層を現在層に設定し、寸法線を入力します。

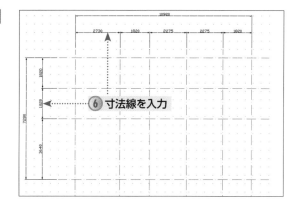

7. 下側の中心線を描く

「オフセット」ボタン◖で右端の垂直線の平行線を描きます。間隔は 3640 です。

描けた線を間隔 910 左側にオフセットします。

その線をさらに間隔 2770 左側にオフセットします。

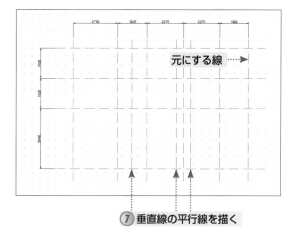

8. 寸法線を描く

オフセットで作図した中心線に寸法線を入力します。

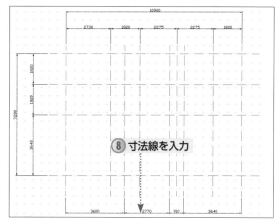

9. 不要な線を削除する

1.「ホーム」タブの「修正」パネルの「トリム」ボタン◣で、不必要な線を削除します。

上から 2 本目の水平線を切り取りエッジにし、下側に不要な線を切り取ります。

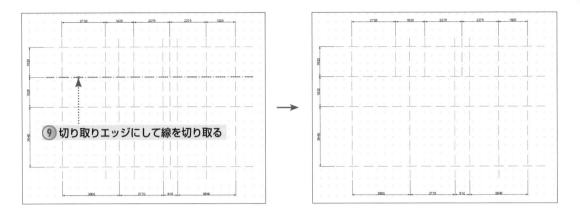

2. 下から2本目の水平線を切り取りエッジに指定し、
不要な線を切り取ります。

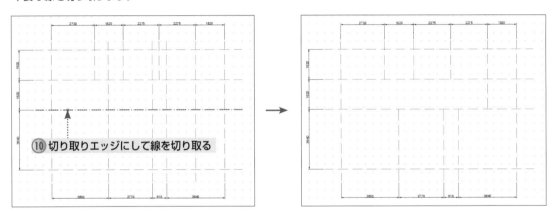

3. 右端から1820離れた垂直線を切り取りエッジに
指定して物置に不要な線を切り取ります。

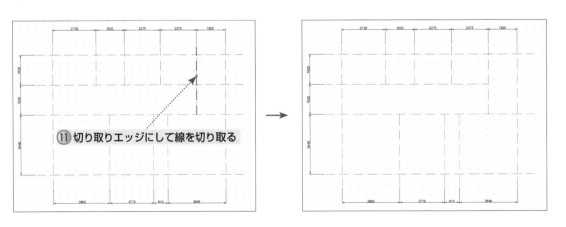

柱を作図する

1. 画層を選択

「2hashira」画層を現在層にします。

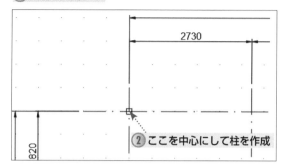

① 画層を変更する

2730

820

② ここを中心にして柱を作成

2. 柱を 1 つ作成

「ホーム」タブの「作成」パネルの「ポリゴン」ボタン🏠を使い、左端の柱を 1 つ作成します。
左端の交点をポリゴンの中心に指定します。オプションで「外接 (C)」を選び、円の半径は 60 にします。

3. 柱を複写

1.「ホーム」タブの「修正」パネルで「複写」ボタン🔁を使い、柱を連続して複写します。柱を選択窓で選択し、右クリックします。

2730

③ 柱を選択して右クリック

2. 柱の中心を OSNAP（交点）を使ってクリックします。
必要に応じてズーム機能を使いましょう。

2730

④ クリック

交点

3. 中心線の交点に OSNAP（交点）を使って柱を配置します。

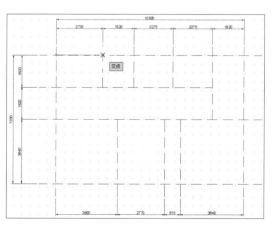

⑤ 柱を配置する

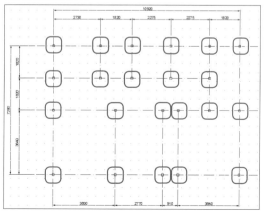

壁を作図する

1. 画層を選択

「3gaikei」画層を現在層にします。

2. 壁を作成

「線分」ボタン⬜と「オフセット」ボタン⊆、「複写」
ボタン🔳を使って、壁を作成します。
オフセットの間隔は 120 です。

① 画層を変更する

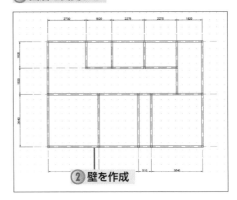

② 壁を作成

文字を入力する

1. 画層を選択

「5mozi」画層を現在層にします。

2. コマンドを選択

「文字記入」Ⓐを使って「玄関」と記入します。

① 画層を変更する

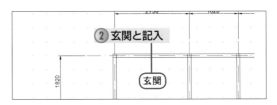

② 玄関と記入

3. 配置

「複写」ボタン🔳を使って文字を必要な位置に配置します。

③ 文字を複写して配置

4. 文字を編集

対象文字をダブルクリックし、正しい文字に修正します。

④ 正しい文字に修正

窓を作図する

1. 画層を選択

「3gaikei」画層を現在層にします。

2. 平行線を描く

「オフセット」ボタン◎を使って壁の中央位置に平行線を描きます。オフセット間隔は 3600/2、2770/2、3640/2 です。

3. 中心線を描く

「線分」ボタン◢を使って中央に線を描きます。

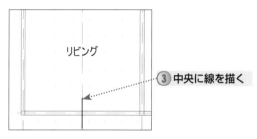

③中央に線を描く

※ OSNAP の近接点を使うと線上の点を拾えます。

4. 中心線の両側に平行線を描く

「オフセット」ボタン◎を使ってリビングの中心線から両側に 850mm の間隔で平行線を描きます。

5. 柱を複写

「複写」ボタン🔳で柱を複写します。

6. 線を削除

「削除」ボタン🖉を使ってオフセットで描いた線とリビングの中心線を削除します。

① **画層を変更する**

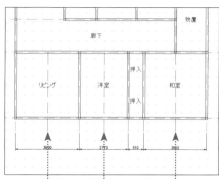

② **壁の中央位置に平行線を描く**

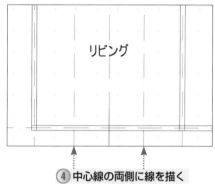

④ **中心線の両側に線を描く**

⑤ **柱を複写**

⑥ **線を削除**

7. 外壁を内側にオフセットする

壁をそれぞれ 50mm 内側にオフセットします。

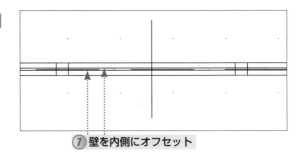

⑦ 壁を内側にオフセット

8. 外側をトリムする

柱より外側の部分をトリムします。

⑧ 外側をトリム   ⑧ 外側をトリム

9. 中心線を両側にオフセット

窓の中心線を両側に 45mm 間隔でオフセットします。

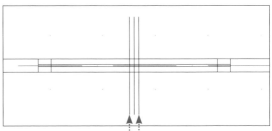

⑨ 中心線を両側にオフセット

10. 不必要な部分をトリムする

オフセットした線を切り取りエッジにして不要な部分をトリムします。

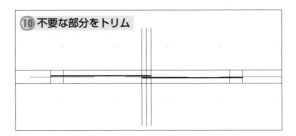

⑩ 不要な部分をトリム

11. 線を削除

オフセットで作図した不要な線を削除します。

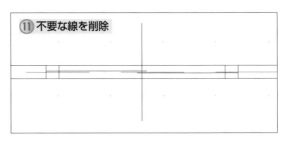

⑪ 不要な線を削除

12. 窓と柱を複写

洋室と和室にリビングで作図した窓と柱を複写します。

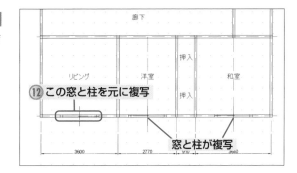

13. 中心線を削除

洋室と和室の中心線を削除します。

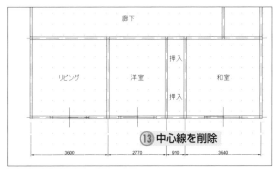

扉を作図する

1. 柱を複写

便所の右下の柱を 910mm 左へ複写します（相対座標は @-910,0 です）。

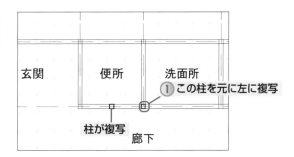

② 円弧を作図

2. 円弧を作図

「ホーム」タブの「作成」パネルで「中心、始点、角度」を選択し、角度 90°で円弧を作図します。

3. 垂直線を描く

垂直線を描いて扉を完成させます。

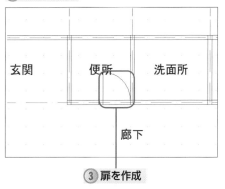

4. 扉を複写

1. 扉を洗面所に複写します。

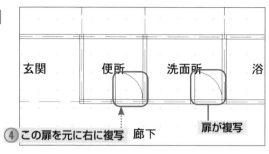

④ この扉を元に右に複写

扉が複写

2. 同様にリビングと洋室に扉を作図します。

⑤ 必要な部分に作図

3. 玄関の扉を作図します。

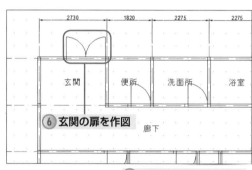

⑥ 玄関の扉を作図

柱を複写する

1. 浴室の柱を複写する

浴室の左上の柱を 910mm 下に複写します。

2. 物置の柱を複写

物置の左下の柱を 910mm 上に複写します。

3. 和室の柱を複写

和室の左上の柱を 910mm 右に複写します。

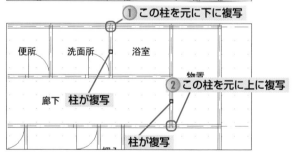

① この柱を元に下に複写

柱が複写

② この柱を元に上に複写

柱が複写

③ この柱を元に右に複写

柱が複写

押入を作図する

1. 中心線をオフセット

下側の中心線を上にオフセットします（オフセット間隔は、3640/2）。

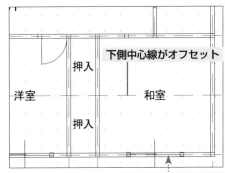

2. さらに両側にオフセット

オフセットした線から両側に 60mm ずつオフセットします。

3. 線を削除

水平線を作図し、オフセットで作図した両側の線を削除します。

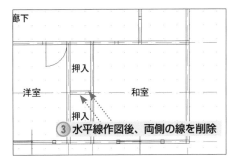

4. 不要な部分をトリム

中心線の不要な部分をトリムします。

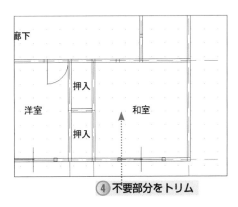

和室の畳を作図する

1. 中心線をオフセット

下側の中心線を3本オフセットします。オフセット
間隔は3640/4です。

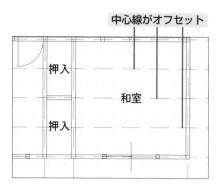

右端の中心線を3本オフセットします。オフセット
間隔は3640/4です。

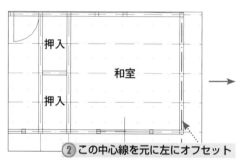

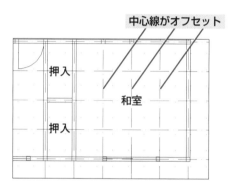

2. 畳の線を作図する

「線分」ボタン◻で畳の線を作図します。

3. 不要な線を削除する

オフセットで作図した中心線を削除します。

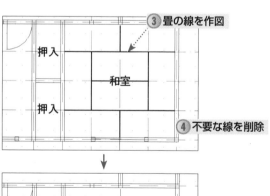

文字の位置を整える

「移動」ボタンを使って、便所、洗面所、和室の文字
が他の線に重ならないように移動します。

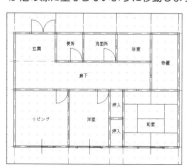

PART 6

レイアウトとペーパー空間

Chapter6-1　レイアウトの基本操作

Chapter6-2　複数の尺度で表示する

Chapter6-3　尺度の違う図形に同じ大きさで寸法線を表示する

Chapter6-4　尺度の違う図形に同じ大きさで文字を表示する

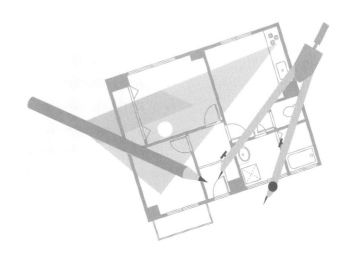

Chapter 6-1

レイアウトの基本操作

Part5 では、モデル空間から文字と寸法線を記入する方法について説明しました。この章では、ペーパー空間の基本的な使い方について説明します。
モデル空間では実物どおりのサイズで対象物を描きました。ペーパー空間では、モデル空間で描いた対象物の尺度を変えてレイアウトすることが簡単にできます。
まずは、ペーパー空間での基本的な操作を覚えましょう。

レイアウトの設定手順

レイアウトの設定は、

①モデル空間で作図する

②印刷の設定をする

③レイアウトビューポートの尺度を設定する

④レイアウトを整える

という流れで操作を進めていきます。

簡単な図形を使ってどのように操作するかを説明します。

モデル空間で右の図形を作図（寸法線は入力しません）してあることを前提に操作を進めます。

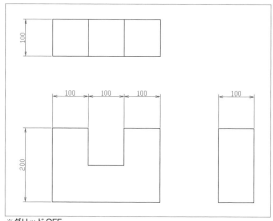

※グリッド OFF

印刷の設定をする

印刷をするプリンタ（またはプロッタ）の選択と、用紙のサイズ、図面の方向を設定します。A3 用紙を横向きに印刷する設定をしてみましょう。

1. レイアウトタブに移動

1. 画面左下の「レイアウト 1」タブをクリックします。
2. モデル空間で作図した図形が表示されます。

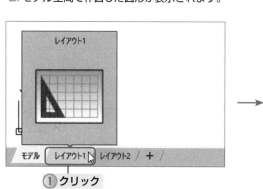

① クリック

② 表示される

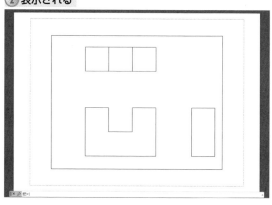

2. 印刷の設定

1. 「出力」タブの「印刷」パネルで「ページ設定管理」ボタン をクリックします。

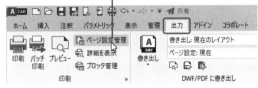

2. 「レイアウト 1」を選択し、「修正」ボタンをクリックします。

3. 「プリンタ / プロッタ」欄の「名前」の右側にある ⋁ をクリックして印刷するプリンタ名を選択します。

4. 「用紙サイズ」の ⋁ をクリックし、「A3」サイズを選択します。「図面の方向」を「横」にします。

※プリンタによって表示は異なります。

5. 「印刷尺度」の尺度を 1:1 に変更します。

6. 「OK」ボタンをクリックします。

7. 「閉じる」ボタンをクリックします。

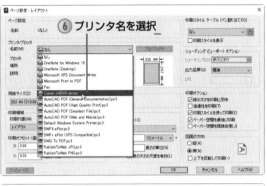

レイアウトビューポートの尺度を設定する

　印刷時の縮尺をどれぐらいにするか設定します。最初に表示されている大き
さは AutoCAD がバランスの良い尺度を自動的に計算しています。実務で半
端な尺度を使うことはないので、自分が決めた縮尺に変更します。ここでは、
縮尺 1/2 に設定します。

1. レイアウトビューポートを選択

レイアウトビューポートの枠線をクリックします。

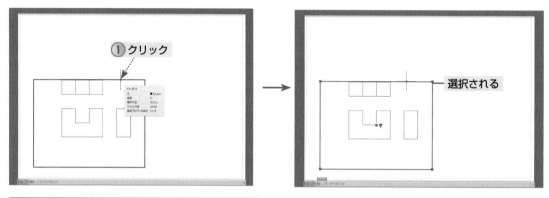

2. 尺度設定

1.「選択されたビューポートの尺度」の右の▼をクリッ
クし、メニューから「1:2」を選択します。

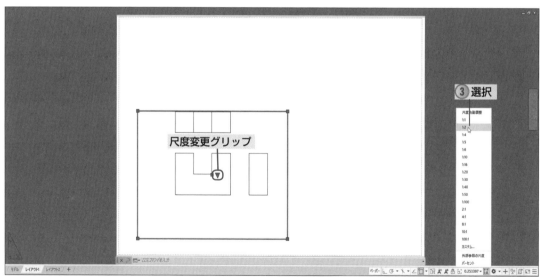

2. レイアウトビューポートの尺度が変更されます。

※ LT2019 以降では、ビューポート中央の尺度変更グリップ▼からも
　尺度を変更できます。

& TIPS

レイアウトビューポートの選択と解除

レイアウトビューポートを選択するには、枠線の上でクリックします。レイアウトビューポートの枠が点線で四隅に青の四角いグリップがついている状態は選択されている状態です。解除するには、キーボードの Esc キーを押します。

選択された状態

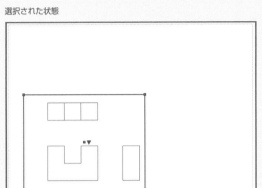

解除されている状態

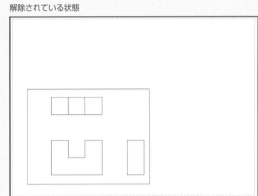

レイアウトを整える

　尺度を変えると、図形がレイアウトビューポートからはみ出してしまうことがあります。レイアウトビューポートのサイズを変更し、図形の位置を移動して全体が表示されるようにしてみましょう。

1. レイアウトビューポートの選択

レイアウトビューポートの枠線をクリックします。

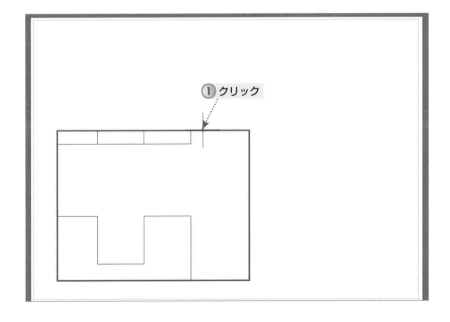

① クリック

2. レイアウトビューポートのサイズ変更

1. 変更したい位置（左上角）の青いグリップをクリックします。

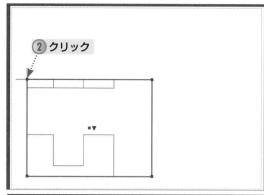

2. グリップの位置を上に移動してクリックします。

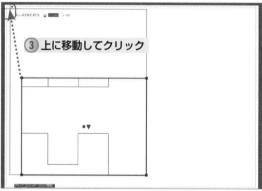

3. 右下角の青いグリップをクリックします。

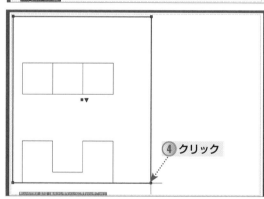

4. グリップの位置を右に移動してクリックします。

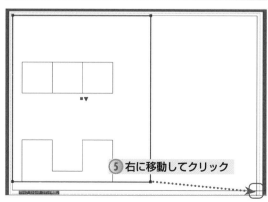

レイアウトビューポートの表示位置変更

　現在レイアウトビューポートに表示されている図形はずれていて全体が見えません。レイアウトビューポート内にきちんとおさまるように表示位置を整えます。レイアウトビューポートの表示内容を変更するには、ペーパー空間からモデル空間に入る必要があります。

1. モデル空間に移動

1.1/2 レイアウトビューポートの内側をダブルクリックします。

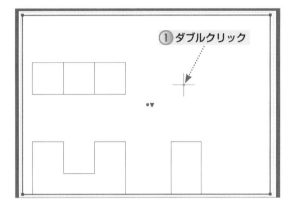

2. モデル空間に移動しました（枠線が太く表示されます）。

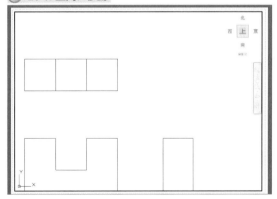

2. 対象物の移動

1. ナビゲーションバーの「画面移動」ボタン🖐をクリックします。
マウスカーソルが手の形に変わります。

2. レイアウトビューポート内の左下にマウスカーソルを合わせ、クリックしたまま、斜め右上にマウスを移動します。
対象物が表示されたらマウスボタンをはなします。

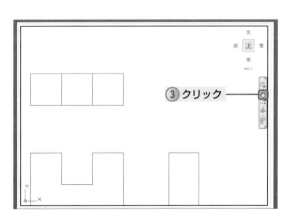

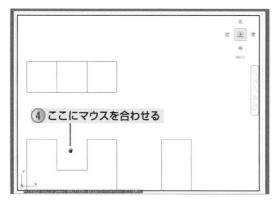

3. レイアウトビューポート内の図形の位置が変更されます。

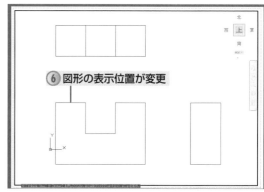

3. コマンドの終了

右クリックし、ショートカットメニューから「終了」を選択します。

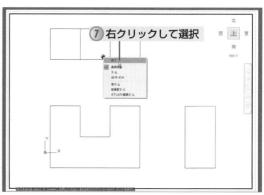

4. レイアウトビューポートの選択解除

レイアウトビューポートの外側でダブルクリックします（太枠から細枠の表示に変わります）。

※図面に「三面図 .dwg」という名前を付けて保存しておきましょう。

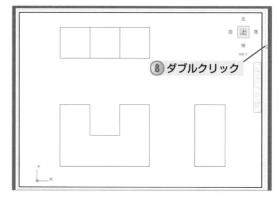

Chapter 6-2

複数の尺度で表示する

ペーパー空間の機能を一番活かせるのが、同じ対象物を違う縮尺で一画面にレイアウトする場合です。モデル空間で作図した対象物の縮尺を変えて同じ図面上にレイアウトするには、レイアウトビューポートを必要な数だけ作成します。次に、それぞれのレイアウトビューポートの尺度を設定し、どの位置にレイアウトするか、どんな表示をさせるかを決めます。対象物の縮尺を変えて表示させる操作について、簡単な図形を使って説明します。

1つ目のレイアウトビューポートのレイアウト

　モデル空間に右の対象物を作図しておきます（寸法線は入力しません）。

モデル空間

　1つ目のレイアウトビューポートの尺度を 1/50、2つ目のレイアウトビューポートの尺度を 1/100 に設定します。

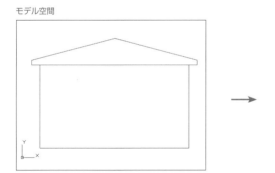

モデル空間

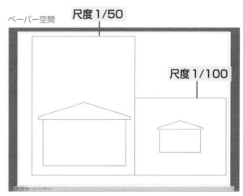

ペーパー空間　尺度 1/50　尺度 1/100

ペーパー空間

　ペーパー空間で印刷設定（A3 用紙を選択し、印刷の向きは横向き）を終えた状態から始めます（ペーパー空間での印刷設定は P.204 参照）。

1. レイアウトビューポートを選択

レイアウトビューポートの枠線をクリックし、選択します。

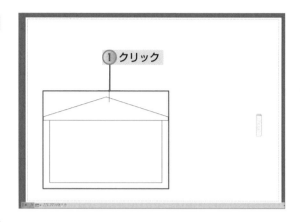

2. 尺度設定

「選択されたビューポート尺度」の ▼ をクリックし、「1:50」を選択します。

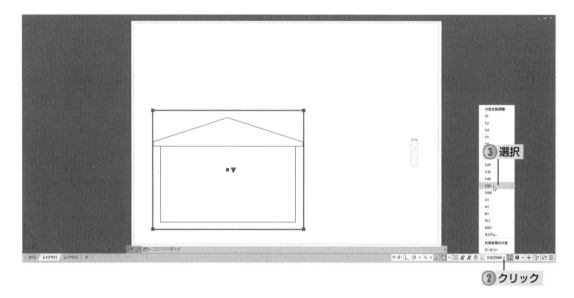

3. レイアウトビューポートのサイズ変更

1. 変更したい位置（右上角）の青いグリップをクリックします。

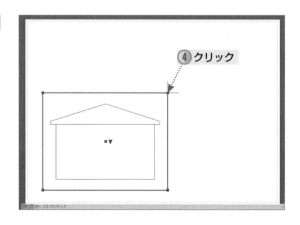

2. グリップの位置を上に移動してクリックします。

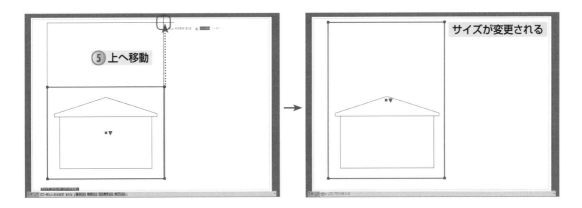

4. レイアウトビューポートの選択解除

キーボードの Esc キーを押します。

レイアウトビューポートの追加

1. コマンドを選択

「レイアウト」タブの「レイアウトビューポート」パ
ネルで「矩形」ボタン  をクリックします。

2. 1番目のコーナーを指定

新しいレイアウトビューポートの左上になる位置をク
リックします。

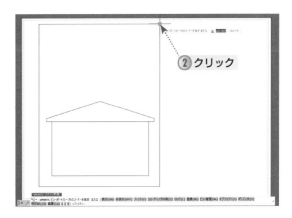

3. もう一方のコーナーを指定

1. 新しいレイアウトビューポートの右下になる位置
をクリックします。

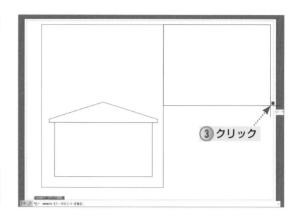

もう一方のコーナーを指定:

2. 新しいレイアウトビューポートが作成されます。

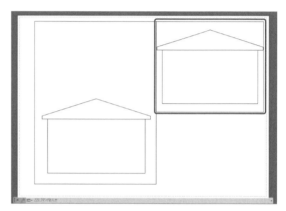

4. 尺度変更

1. 新しく作成されたレイアウトビューポートの枠を
クリックし、選択します。

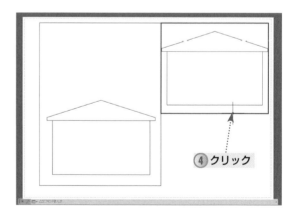

2. 「選択されたビューポート尺度」の▼をクリックし、「1:100」を選択します。

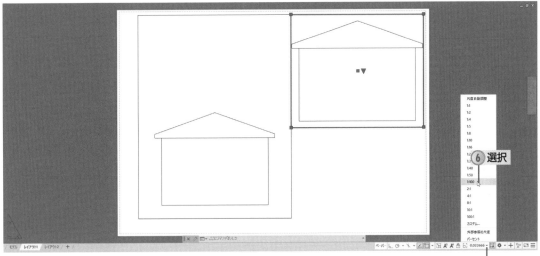

3. レイアウトビューポートの尺度が変更されます（これで、図形は 1/100 の縮尺で表示されました）。

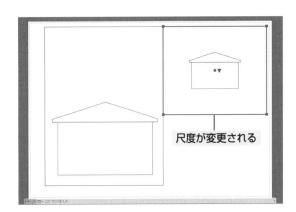

尺度が変更される

5. レイアウトビューポートの選択解除

キーボードの Esc キーを押します。

レイアウトビューポートの配置

　レイアウトビューポートの位置を移動します。レイアウトビューポートの位置の移動は、ペーパー空間で行います。ペーパー空間で移動コマンドを使い、1/50 のレイアウトビューポートと 1/100 のレイアウトビューポートを横に並べます。

1. コマンドの選択

「ホーム」タブの「修正」パネルで「移動」ボタン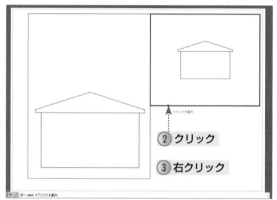をクリックします。

① クリック

2. オブジェクトを選択

1/100 のレイアウトビューポートの枠線上をクリックします。

```
オブジェクトを選択:
```

② クリック

③ 右クリック

```
× ╱ ✛ ▼ MOVE オブジェクトを選択:
```

3. 選択オブジェクトの確定

右クリックして選択を確定します。

4. 基点を指定

1/100 のレイアウトビューポートの左下点をOSNAP（端点）を使ってクリックします。

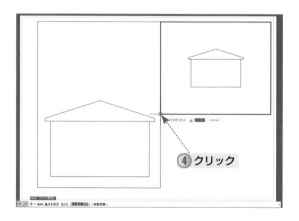

```
基点を指定 または    ⊡
```

④ クリック

5. 目的点を指定

1/50 のレイアウトビューポートの右下点を OSNAP
（端点）を使ってクリックします。

> 目的点を指定 または <基点を移動距離として使用>:

※図面に「立面図（家）.dwg」という名前を付けて保存して
おきましょう。

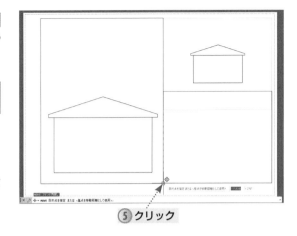

⑤ クリック

HINT & TIPS

新規ビューポートの形状
ビューポートの形状は「レイアウト」タブの「レイアウト
ビューポート」パネルで「矩形」「ポリゴン」「オブジェクト」
から選ぶことができます。

ビューポートの形状
を選択できます

分割したビューポートを作成するには、「ビューポート管理」
ダイアログボックスの「新規ビューポート」タブから選択し
ます。

ビューポート管理ダイアログボックスの表示方法
「レイアウト」タブ→「レイアウトビューポート」パネル右
側の⬛をクリックします。

LT2018 以前のバージョン：
「レイアウト」タブ→「レイアウトビューポート」パネル→
「名前の付いたビューポート」をクリックします。

クリック

Chapter 6-3

尺度の違う図形に同じ大きさで寸法線を表示する

1枚の用紙の中に同じ図形を複数の尺度で表示させる場合には、寸法線を「異尺度対応」で作成します。異尺度対応にした寸法図形は、違う尺度のビューポート内であっても、印刷時に用紙上同じ大きさで印刷させることができるようになります。

寸法スタイルの設定（異尺度対応）

複数の尺度を使ったレイアウトで寸法線を記入するには、「異尺度対応」の設定をした寸法スタイルを作成します。寸法スタイルの細かい設定方法はモデル空間で説明しましたので、ここでは、AutoCADに元々用意されている「ISO-25」という寸法スタイルに異尺度対応の設定だけを追加します。Chapter6-2で作成したファイル「立面図（家）.dwg」を使用して説明します。

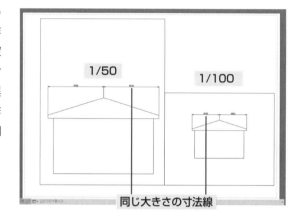

同じ大きさの寸法線

1. コマンドを選択

「ホーム」タブの「注釈」パネルのパネルタイトルをクリックし、「寸法スタイル管理」ボタン 🔄 をクリックします。

2. スタイル名を入力

1.「寸法スタイル管理」ダイアログで「新規作成」ボタンをクリックします。

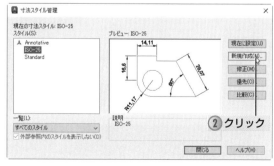

2. 新しいスタイル名に「異尺度対応」とキーボードから入力し、「異尺度対応」をチェックし、「続ける」ボタンをクリックします。

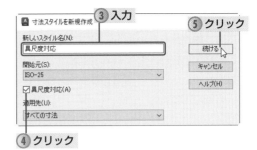

3.「OK」ボタンをクリックします。

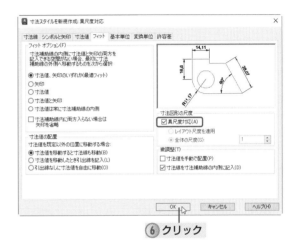

3. コマンドの終了

1.「現在に設定」ボタンをクリックします。

2.「閉じる」ボタンをクリックします。

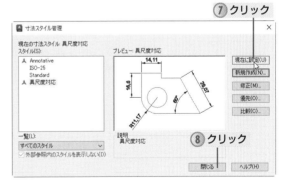

3. 現在の寸法スタイルが「異尺度対応」に設定されます。

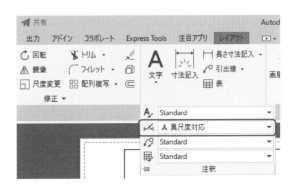

寸法線の入力方法（異尺度対応）

　モデル空間で基準とする注釈尺度を設定した寸法線を描いた後、それ以外で表示したい尺度を追加します。注釈尺度を設定すると、モデル空間の寸法線は尺度の倍数をかけた大きさで作図されます。例として 1/50 の注釈尺度を設定して寸法線を描きます。

1. 注釈尺度の設定

「現在のビューの注釈尺度」の ▼ をクリックし、「1:50」を選択します。

※以後モデルタブ内では 50 倍の大きさの寸法線が描かれます。

2. コマンドを選択

「ホーム」タブの「注釈」パネルで「長さ寸法記入」ボタン □ をクリックします。

3. 寸法線を入力

1. 立面図の左上点を OSNAP（端点）を使ってクリックします。

1本目の寸法補助線の起点を指定 または ＜オブジェクトを選択＞:

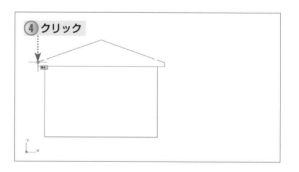

2. 屋根の頂点を OSNAP（端点）を使ってクリックします。

2本目の寸法補助線の起点を指定:

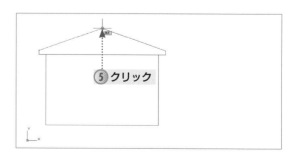

3. 寸法線を配置したい位置でクリックします。

> 寸法線の位置を指定 または ⬇

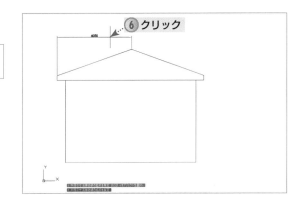

4. コマンドを選択

「注釈」タブの「寸法記入」パネルで「直列寸法記入」
ボタン🅗をクリックします。

5. 直列寸法を記入

1. 立面図の右上点を OSNAP（端点）を使ってクリックします。

> 2本目の寸法補助線の起点を指定 または ⬇

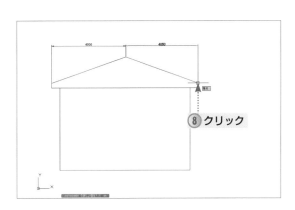

2. 右クリックし、ショートカットメニューから
「Enter」を選択します。

3. もう一度右クリックし、「直列寸法記入」コマンド
を終了します。

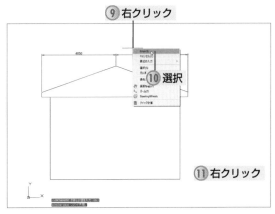

6. レイアウトタブへ移動

1. ファイルタブ上にマウスを合わせ、「レイアウト1」
をクリックします。

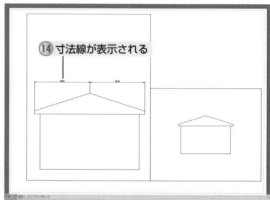

2.1/50 のビューポートだけに寸法線が表示されてい
ます。

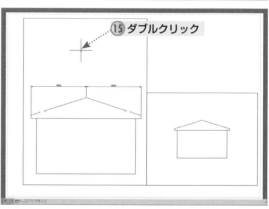

7. 尺度の追加

1.1/50 のビューポート枠内でダブルクリックしま
す。

2. 別のビューポートに表示させたい寸法線をクリッ
クし選択します。

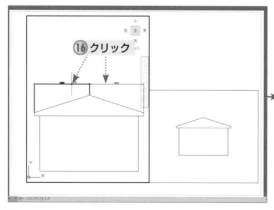

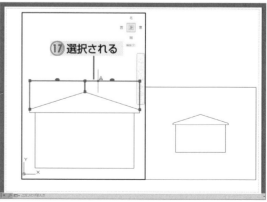

3. 右クリックし、ショートカットメニューから「異尺度対応オブジェクトの尺度」→「尺度を追加/削除」を選択します。

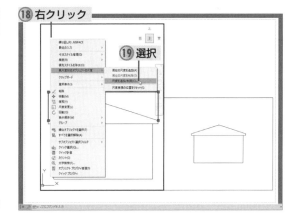

4. 「追加」ボタンをクリックします。
5. 「1:100」を選択し「OK」ボタンをクリックします。

6. 「OK」ボタンをクリックします。

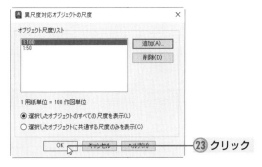

7. 1/100 のビューポートに同じ大きさの寸法線が表示されます。

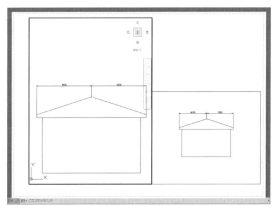

Chapter 6-4

尺度の違う図形に同じ大きさで文字を表示する

違う尺度のビューポート内に同じ大きさの文字を表示するには寸法線と同じように「異尺度対応」の文字スタイルを作成する必要があります。それぞれのビューポートにあった文字を記入する方法を確認しましょう。また、必要のないビューポート枠は非表示にします。

文字スタイルの設定（異尺度対応）

複数の尺度を使ったレイアウトで文字を記入するには、「異尺度対応」の設定をした文字スタイルを作成します。Chapter6-1 で作成したファイル「三面図 .dwg」を使用して説明します。

1. コマンドを選択

「ホーム」タブの「注釈」パネルで「文字スタイル管理」ボタン <img_1_icon> をクリックします。

その他の方法
「注釈」タブの「文字」パネルタイトル右の「文字スタイル管理」ボタン <img_1_icon> をクリックします。

2. スタイル名を入力

1.「新規作成」ボタンをクリックします。

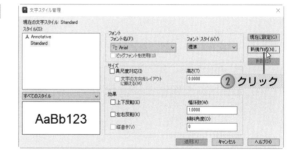

2. スタイル名に「異尺度 10」と入力します。

3.「OK」ボタンをクリックします。

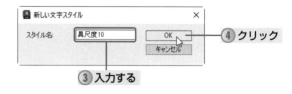

3. サイズの設定

1.「異尺度対応」をチェックします。

2.「用紙上の文字の高さ」に 10 と入力します。

4. コマンドの終了

1.「現在に設定」をクリックします。

2.「はい」ボタンをクリックします。

3.「閉じる」ボタンをクリックします。

これで、異尺度に対応した文字スタイルが完成しました。

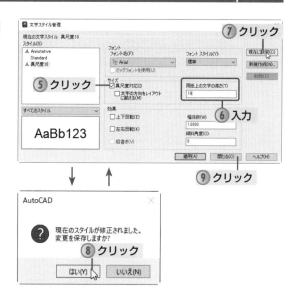

レイアウトの設定

「レイアウト 1」タブで 2 分割したレイアウトを用意し、それぞれに違うビューポート尺度を設定します。

1. ビューポートの削除

1. ビューポート枠をクリックし、選択します。

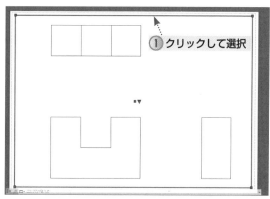

2. キーボードの Delete キーを押します。

2. ビューポートの作成

1.「レイアウト」タブの「レイアウトビューポート」
ボタン □ をクリックします。

2.「新規ビューポート」タブをクリックし、標準ビュー
ポートから「2分割：縦」を選択します。

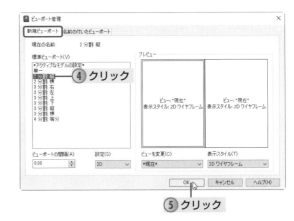

3.「OK」ボタンをクリックします。

4. ビューポート枠の1点目をクリックします。

5.1点目の対角をクリックします。

もう一方のコーナーを指定:

6.2分割されたレイアウトが表示されます。

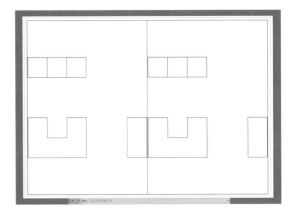

3. ビューポートの尺度変更

1. 左側のビューポート枠をクリックし、選択します。

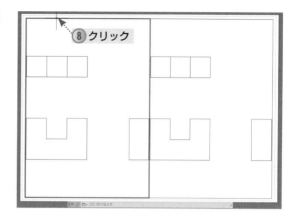

2. 「選択されたビューポートの尺度」の▾をクリックし、1:4 を選択します。

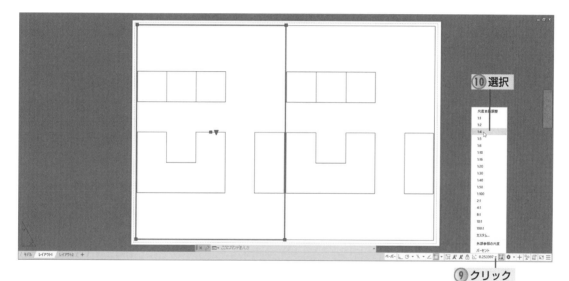

3. キーボードの Esc キーを押し、選択を解除します。

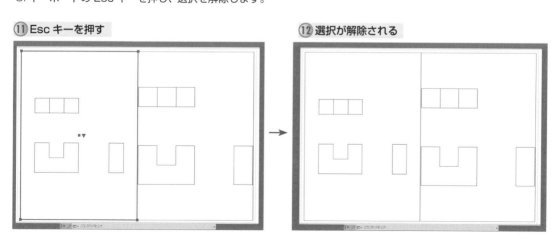

4. 右側のビューポート枠をクリックし、選択します。

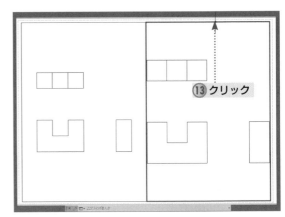

⑬ クリック

5. 「選択されたビューポートの尺度」の▾をクリックし、「1:2」を選択します。

6. キーボードの Esc キーを押し、選択を解除します。

⑯ Esc キーで選択解除

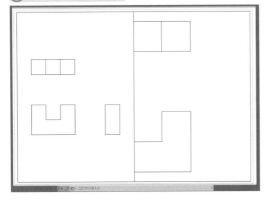

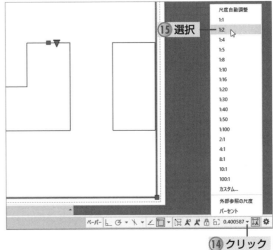

⑮ 選択

⑭ クリック

4. レイアウト位置の調整

1. 右側のビューポート内でダブルクリックし、モデル空間に移動します（枠が太線に変わります）。

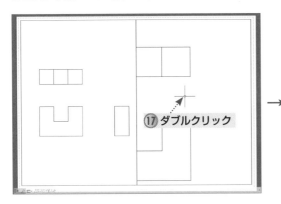

⑰ ダブルクリック

⑱ モデル空間に移動

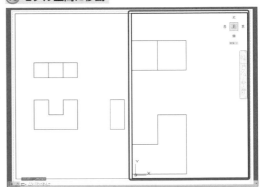

2. ナビゲーションバーの「画面移動」ボタン🖐をク
リックします。

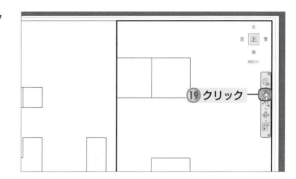

⑲ クリック

3. 正面図が中央にくるように画面を移動させます。

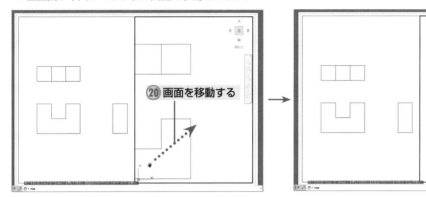

⑳ 画面を移動する

4. キーボードの Esc キーを押しコマンドを終了しま
す。

㉑ 移動後、Esc キーでコマンド終了

㉒ 選択

5. 文字の入力

1.「ホーム」タブの「注釈」パネルで「文字記入」ボ
タン🅰をクリックします。

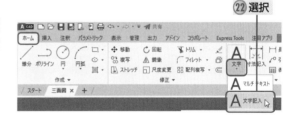

㉓ クリック

2. 文字の始点位置をクリックします。

文字列の始点を指定 または　　⬇

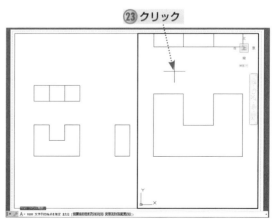

3. < > 内の角度が合っていれば右クリックします。

文字列の角度を指定 <0>: 　

㉔ 右クリック

4.「正面図　S=1/2」と入力し、Enter キーを 3 回
押します。

5. 左側のビューポート枠内をクリックします。

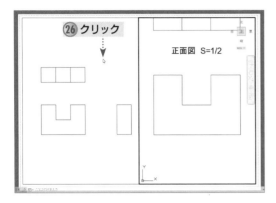

6.「ホーム」タブの「注釈」パネルで「文字記入」ボ
タンＡをクリックします。

7. 文字の始点位置をクリックします。

8.<> 内の角度が合っていれば右クリックします。

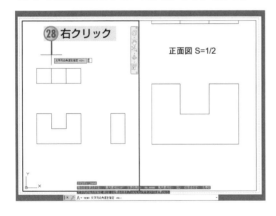

9.「三面図　S=1/4」と入力し、Enter キーを 3 回
押します。

㉕ 入力し Enter キーを 3 回押す

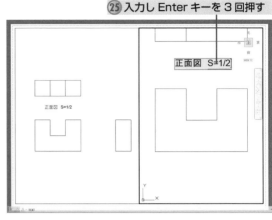

㉗ クリック

㉙ 入力し Enter キーを 3 回押す

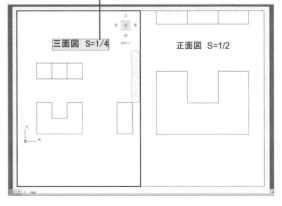

10. 右側のビューポートの枠外をダブルクリックします。

11. ビューポート枠をクリックし、表示状態を調節します。

12. Esc キーを押し、選択を解除します。

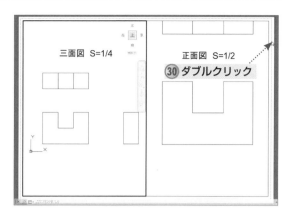

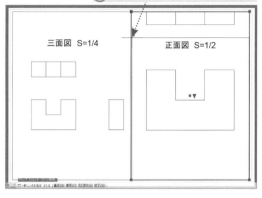

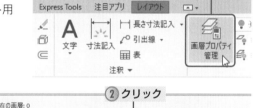

ビューポート枠の非表示設定

ビューポート枠はそのままにしておくと、印刷されます。印刷時にビューポート枠が必要のない場合には、ビューポート用の画層を用意し、非表示の設定にします。

1. 画層の作成

1. 「ホーム」タブの「画層」パネルで「画層プロパティ管理」ボタン🖳をクリックします。

2. 「新規作成」ボタン🖳をクリックします。

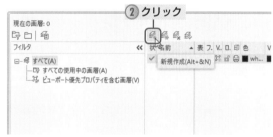

3. 「VP 枠」と入力し、Enter キーを押します。

4. 表示の欄の電球マーク💡をクリックして非表示にします。

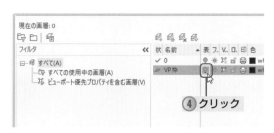

5.「閉じる」ボタン☒をクリックします。

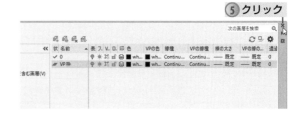

2. 画層の移動

1. 左側のビューポート枠をクリックし、選択します。

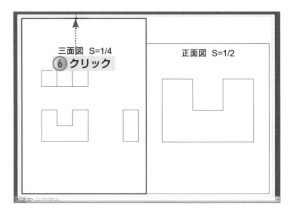

2. 右側のビューポート枠をクリックし、選択します。

3. 画層コントロールボックスから「VP枠」画層を選択します。

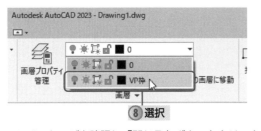

4. メッセージを確認し「閉じる」ボタンをクリックします。

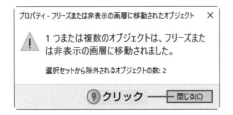

5. キーボードの Esc キーを押し、選択を解除します。

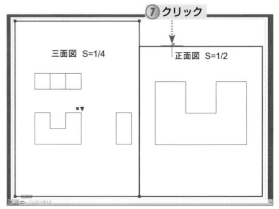

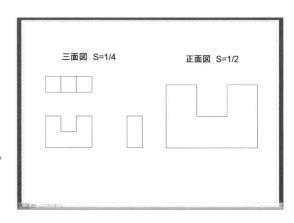

PART 7

印 刷

Chapter7-1　　印刷確認と印刷の実行

Chapter7-2　　印刷スタイルの設定

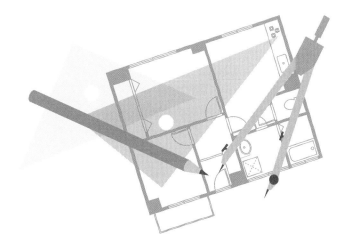

Chapter 7-1

印刷確認と印刷の実行

印刷をする前に、どんな状態で印刷するかを決め、画面で確認してから実際の印刷を行います。印刷に失敗しないためにも、「印刷プレビュー」機能を使い、画面上で印刷確認することを習慣にしましょう。

ページ設定

　印刷について設定するには、まず、「ページ設定管理」機能を使います。ここでは、確認するポイントを説明します。ページ設定の確認を行う前に、「レイアウト1」タブを選択しておきます（Chapter6-2で作成した「立面図（家）.dwg」を使います）。

1. コマンドを選択

1.「出力」タブの「印刷」パネルから「ページ設定管理」を選択します。
2.「ページ設定管理」ダイアログボックスが表示されます。

2. 対象ページを選択

1.「レイアウト1」を選択し、「修正」をクリックします。
2.「ページ設定」ダイアログボックスが表示されます。

3. 印刷条件の確認

1.「プリンタ / プロッタ」
印刷したいプリンタ名になっているか確認します。
2.「印刷スタイルテーブル」
使用したい印刷スタイル名になっているか確認します。
3.「用紙サイズ」
印刷したい用紙サイズになっているか確認します。
4.「図面の方向」
用紙を縦置きにするか、横置きにするか設定します。
5.「印刷尺度」
レイアウトタブを印刷する場合は1:1、モデルタブから印刷する場合は、印刷したい縮尺を選択します。

4. 終了

確認が終わったら「OK」ボタンをクリックすると「ページ設定管理」ダイアログボックスに戻るので、「閉じる」ボタンをクリックします。

① クリック

② 選択

③ クリック

⑥ クリック

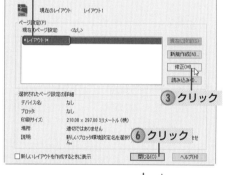

④ それぞれの項目を設定

⑤ クリック

印刷プレビュー

ページ設定管理の内容で印刷するとどうなるか、画面上にイメージを表示します。プレビューでイメージが違う場合は、ページ設定管理を必要に応じて変更します。

1. コマンドを選択

「出力」タブの「印刷」パネルで「プレビュー」ボタン🔍をクリックします。

その他の方法
「アプリケーションメニュー」の「印刷」→「印刷プレビュー」を選択します。

① クリック

ペーパー空間

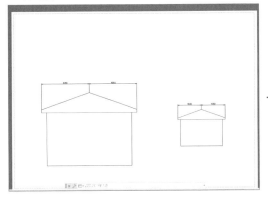

印刷プレビュー画面

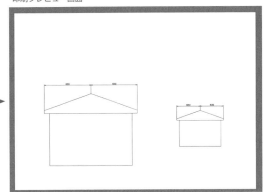

2. 終了

印刷プレビューを終わらせるには、画面上部の「プレビューウィンドウを閉じる」❌をクリックします。

その他の方法
キーボードのEscキーを押すか、右クリックしてショートカットメニューから「終了」を選択します。

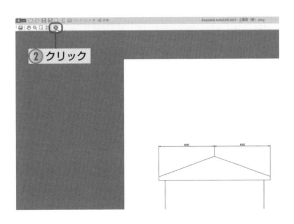

② クリック

印刷の実行

　印刷プレビューで印刷イメージが確認できたら、いよいよ印刷です。設定さえしっかりできていれば印刷はとても簡単です。

1. コマンドを選択

「出力」タブの「印刷」パネルで「印刷」ボタン🖨をクリックします。

その他の方法
「アプリケーションメニュー」の「印刷」を選択します。

2.「印刷」ダイアログボックス

「印刷」ダイアログボックスが表示されます。
用紙サイズや印刷部数を確認・設定して、「OK」ボタンをクリックします。

Chapter 7-2

印刷スタイルの設定

印刷する時に基本になるのが、印刷スタイルです。印刷スタイルの設定どおりに AutoCAD は印刷を行います。印刷スタイルは、AutoCAD で用意されたものを使うのが一番簡単です。用意されたものでは不都合な場合、必要項目について変更し、オリジナルの印刷スタイルとして登録します。まず、用意されている代表的な印刷スタイルについて確認しておきましょう。

acad.ctb（標準的な印刷スタイル）

このスタイルは、AutoCAD の標準的な印刷スタイルです。画面上描いた色でそのまま印刷されます。
印刷スタイルの内容を確認してみましょう。

1. コマンドを選択

「アプリケーションメニュー」の「印刷」の右の▶をクリックし、「印刷スタイル管理」を選択します。

① 選択

2. 印刷スタイルを選択

「acad.ctb」をダブルクリックします。

② ダブルクリック

3. テーブルを表示

1.「印刷スタイルテーブルエディタ」ダイアログボックスが表示されます。
2.「テーブル表示」タブをクリックします。

③ クリック

3. テーブルが表示されます。内容を確認しましょう。「色1」でオブジェクトが描かれている時、印刷時の色は、「オブジェクトの色」を使用します。つまり、画面上赤で描いてあれば赤で印刷するという意味です。

このテーブルを見ると他にも、「色1」で描いたオブジェクトは、どんな線種でどんな太さで印刷されるか確認することができます。「色2」、「色3」についても同様です。

画面上見えない色を見るには、ダイアログボックスの右下にある三角をクリックすると画面がスクロールされて、見ることができます。

4. フォームを表示

1.「フォーム表示」タブをクリックします。

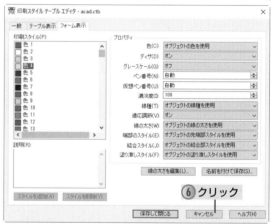

2. テーブルと同じ設定内容が表示されます。左側で見たい設定の色番号を選択すると、右側にその色番号の設定情報が表示されます。

例）「色4」をクリックします。
　　→プロパティに「色4」の印刷設定が表示されます。

ここで、設定を変更することも可能ですが、AutoCADに元々用意されているファイルは変更する時の基準にするので、何も変更せず「キャンセル」ボタンをクリックします。

monochrome.ctb（黒で印刷）

このスタイルは、全ての色を黒で印刷します。画面上の作図で色分けをして描いてある図面を、カラープリンタで白黒に印刷したい時に使います。

1. コマンドを選択

「アプリケーションメニュー」の「印刷」の右の▶をクリックし、「印刷スタイル管理」を選択します。

2. 印刷スタイルを選択

1. 「monochrome.ctb」をダブルクリックします。

2. 「印刷スタイルテーブルエディタ」ダイアログボックスが表示されます。

3. テーブルを表示

1. 「テーブル表示」タブをクリックします。

2. テーブルが表示されます。内容を確認しましょう。「色1」でオブジェクトが描かれている時、印刷時の色は「Black」を使用します。
つまり、画面上赤で描いてあっても黒で印刷するという意味です。
「色2」「色3」についても同様です。画面上どんな色を使って作図したとしても全て黒で印刷するという設定になっています。

3. 「キャンセル」ボタンをクリックし、終了します。

4. 終了

右上にある「閉じる」ボタン ✕ をクリックします。

印刷スタイルを追加する

　既存の印刷スタイルの確認をしたので、今度は、オリジナルの印刷スタイル
を作成してみましょう。

1. コマンドを選択

1.「アプリケーションメニュー」の「印刷」から「印
刷スタイル管理」を選択し、「Plot Styles」ウィン
ドウの「印刷スタイルテーブルを追加ウィザード」を
ダブルクリックします。

2.「印刷スタイルテーブルを追加」ダイアログボック
スが表示されます。
メッセージを確認し、「次へ」ボタンをクリックします。

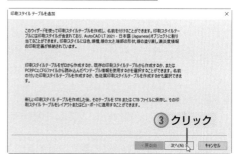

2. 開始方法を選択

1.「印刷スタイルテーブルを追加−開始」ダイアログ
ボックスが表示されます。

2.「既存の印刷スタイルテーブルを使用」を選択し、「次
へ」をクリックします。

3. 既存の印刷スタイル名を選択

1.「印刷スタイルテーブルを追加−ファイル名を参照」
ダイアログボックスが表示されます。

2. ⊡をクリックし、設定する印刷スタイル名を選択
します。ここでは、「monochrome.ctb」を選択し、「次
へ」ボタンをクリックします。

4. スタイル名の入力

「印刷スタイルテーブルを追加－ファイル名」ダイアログボックスが表示されます。

新しく設定するスタイル名を入力します。キーボードから「test-mono」と入力し、「次へ」ボタンをクリックします。

5. 印刷スタイルの編集

1.「印刷スタイルテーブルエディタ」ボタンをクリックします。

2.「色1」の線種を一点鎖線、「色4」の線の太さを0.35mmに設定します。まず、「色1」をクリックします。

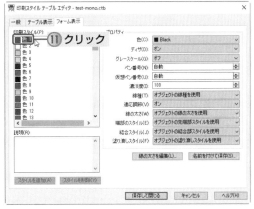

3.「線種」の▽をクリックし、プルダウンリストの中から「一点鎖線」を選択します。

4.「色4」をクリックします。

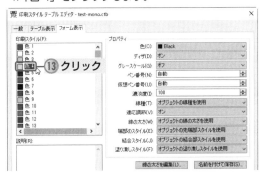

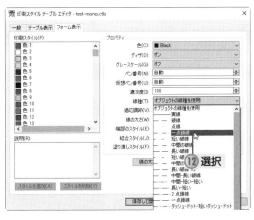

241

5.「線の太さ」の☑をクリックし、プルダウンリストの中から 0.3500mm を選択します。

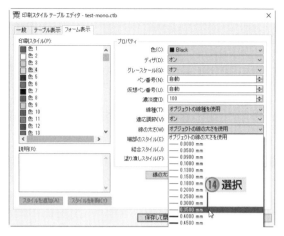

6.「保存して閉じる」ボタンをクリックします。

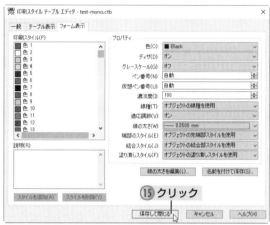

7.「印刷スタイルテーブルを追加−完了」ダイアログボックスが表示されます。「完了」ボタンをクリックします。

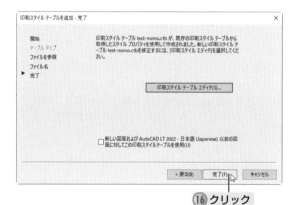

HINT & TIPS

設定した印刷スタイルを使用するには

「出力」タブの「印刷」パネルの「ページ設定」ダイアログボックスで設定します。

PART 8

効率よく作業する

Chapter8-1	テンプレート
Chapter8-2	他の図面から図形を複写する
Chapter8-3	ブロック
Chapter8-4	ダイナミックブロック
Chapter8-5	ハッチング
Chapter8-6	表を作成する
Chapter8-7	2点間の中点を拾う（一時OSNAP）
Chapter8-8	図面情報・計測機能
Chapter8-9	データ交換

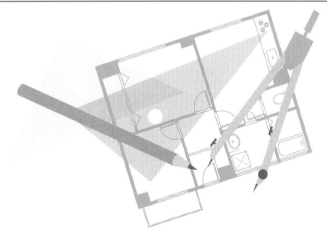

Chapter 8-1

テンプレート

図面を作成する基本的な順序についての説明が終わりました。図面を作成するにはいろいろなスタイル設定が必要でした。このスタイル設定を図面を描くたびに設定するのは、手間がかかります。また、前の図面と同じにするためには、設定内容を覚えておかなくてはなりません。そこで AutoCAD では、共通の初期設定を簡単にするためにテンプレートという機能があります。

テンプレートとは

通常使うスタイルを設定してあらかじめ登録しておきます。登録したテンプレートを開いて図面の作成を始めれば、毎回同じ設定作業をする必要がなくなります。

設定作業をするのは、テンプレートを作成する一度だけです。テンプレートを使って作成した図面は違う名前を付けて保存するので、テンプレート自身は設定情報だけを持っている状態で何度も使用でき、作業効率が上がります。同じテンプレートを使っていれば、社内で描く人によって設定内容が違うということも起こりません。

図面は、多くの人と共有することがよくあります。誰が見てもわかり、誰が描いても同じになるような設定に統一するとよいでしょう。

新しいテンプレートを登録する

AutoCAD には最初からテンプレートが用意されているので、自分で作らずに利用することもできますが、新しくテンプレートを作成する方法を覚えておきましょう。

テンプレート作成の手順

　①**新規図面を用意する**

　②**通常必要な各スタイルを設定する**

　③**テンプレートとして保存する**

A3 横用のテンプレートにオリジナルスタイルを設定してみましょう。

新規図面を用意する

テンプレート用図面の準備

1. テンプレートを作るための新規図面を用意します。クイックアクセスツールバーで「クイック新規作成」ボタン□をクリックします。

2.acadiso.dwt が選択されていることを確認し、「開く」ボタンをクリックします。

AutoCAD LT 2021 以前のバージョンでは acadltiso.dwt が選択されます。

通常必要な各スタイルを設定する

各スタイルの設定方法は同じです。詳しい設定方法は、各ページを参照して下さい。

1. 単位を設定

1. テンプレートで使用する単位の設定を行います。「アプリケーションメニュー」の「図面ユーティリティ」から「単位設定」を選択します。

2. 設定が必要な項目（長さ、角度、挿入尺度）を変更し、「OK」ボタンをクリックします。

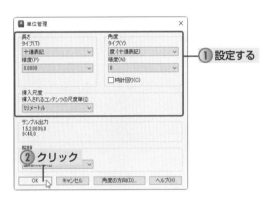

2.「画層」を設定

1.「ホーム」タブの「画層」パネルで「画層プロパティ管理」ボタン をクリックします。

2. 必要な画層を作成し「閉じる」ボタン × をクリックします。

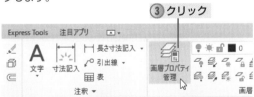

3.「文字スタイル」を設定

1.「ホーム」タブの「注釈」パネル→「文字スタイル管理」ボタン をクリックします。

2.「新規作成」をクリックし、スタイル名とスタイルを設定し「適用」をクリックし、さらに「閉じる」をクリックして閉じます。

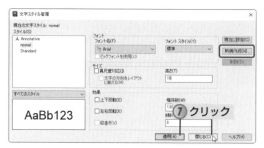

4.「寸法スタイル」を設定

1.「ホーム」タブの「注釈」パネル→「寸法スタイル管理」ボタン 🔲 をクリックします。

2.「新規作成」ボタンをクリックしスタイル名を入力します。

3. 異尺度対応寸法を使う場合は「異尺度対応」をチェックし、「続ける」ボタンをクリックします。

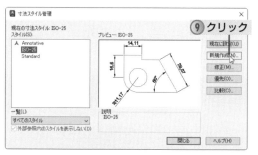

4. 各タブで必要項目を設定し、「OK」ボタンをクリックします。

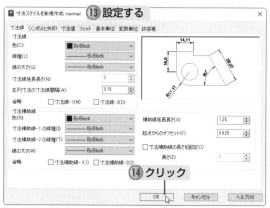

5. 設定したスタイルを選択後、「現在に設定」をクリックし、「閉じる」ボタンをクリックします。

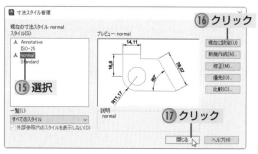

5.「図面範囲」を設定

1. キーボードから LIMITS と入力し Enter キーを押します。

2. キーボードの↓キーを押し、オプションから「0.0000,0.0000」を選択します。

3. 右上のコーナーは、420,297（A3 サイズ）でよければそのまま右クリックします。

⑱ 入力して Enter キーを押す　　⑲ ↓キーを押し選択

右上コーナーを指定 <420.0000,297.0000>:

⑳ 右クリックする

6.「ページ設定」

1.「レイアウト 1」タブをクリックします。

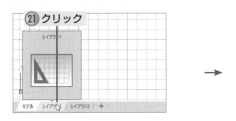

㉑ クリック

2.「出力」タブの「印刷」パネルで「ページ設定管理」を選択します。

3.「ページ設定管理」ダイアログボックスで「レイアウト 1」が選択されているのを確認し、「修正」ボタンをクリックします。

4. プリンタ、用紙サイズ、印刷尺度、印刷スタイルテーブル、図面の向きを設定して、「OK」ボタンをクリックします。

「ページ設定管理」ダイアログボックスで「閉じる」ボタンをクリックします。

㉒ 確認する　　㉓ クリック

㉔ 設定する　　㉖ クリック

7. 用紙枠、図面枠の作成と設定

（用紙枠の作成）

1.「ホーム」タブの「画層」パネルで補助線用の画層を選択します。

2.「ホーム」タブの「作成」パネルで「長方形」ボタン🔲をクリックします。

3. キーボードから 0,0 と入力し、Enter キーを押します。

4. キーボードから 420,297 と入力し、Enter キーを押します。

5. 用紙枠が作成されます（選択したプリンタによって、印刷範囲のズレがある場合は、マニュアル等で確認し、用紙に重なるように「移動」コマンドを使って位置を移動します）。

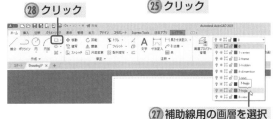

㉘ クリック　　㉕ クリック

㉗ 補助線用の画層を選択

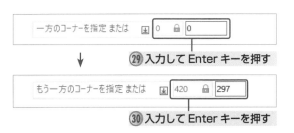

一方のコーナーを指定 または

㉙ 入力して Enter キーを押す

もう一方のコーナーを指定 または

㉚ 入力して Enter キーを押す

（図面枠の作成）

1. 用紙枠を 10mm 内側にオフセットし、図面枠を作成します。
「ホーム」タブの「修正」パネルで「オフセット」ボタン⊑をクリックします。

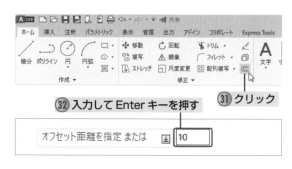

㉛ クリック

㉜ 入力して Enter キーを押す

オフセット距離を指定 または　⬇ | 10 |

2. キーボードから 10 と入力し、Enter キーを押します。

3. 用紙枠上でクリックします。

オフセットするオブジェクトを選択 または　⬇

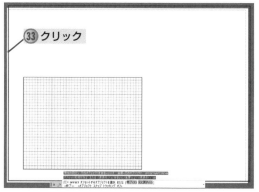

㉝ クリック

4. オフセットする側（用紙枠の内側）でクリックします。

オフセットする側の点を指定 または　⬇

オフセットするオブジェクトを選択 または　⬇

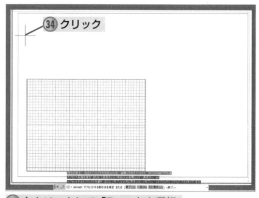

㉞ クリック

5. 右クリックしてショートカットメニューから「Enter」を選択します。

6. 図面枠を選択して、図面枠用の画層に移動します。
図面枠上でクリックします。
図面枠用の画層を選択します。

㉟ 右クリックして「Enter」を選択

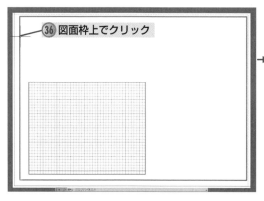

㊱ 図面枠上でクリック

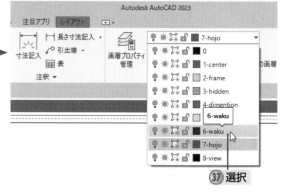

Autodesk AutoCAD 2023

注目アプリ　レイアウト

寸法記入　長さ寸法記入　引出線　表　　画層プロパティ管理

注釈

7-hojo
0
1-center
2-frame
3-hidden
4-dimention
6-waku
6-waku
7-hojo
8-view

㊲ 選択

7. Esc キーを押して、図面枠の選択を解除します。

（レイアウトビューポート枠の削除）

レイアウトビューポートの枠上でクリックし選択します。「削除」ボタン ▨ をクリックします。

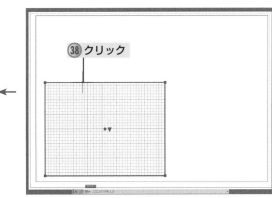

38 クリック

39 クリック

（表題欄の作成）

1. 「モデル」 タブをクリックし、モデル空間に戻ります。

2. ナビゲーションバーの 「図面全体ズーム」 をクリックします。

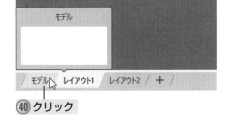

40 クリック

3. 図面枠用の画層で表題欄を作成します。

作成例

	20	40
	図面名	平面図
18	縮　尺	S=1/50
	会社名	凸凹設計事務所

※ 文字高 3.5mm

41 表題欄を作成

4. 表題欄をコピーします。表題欄を選択窓で囲める位置（表題欄の左上）でクリックします。

42 クリック

図面名	平面図
縮　尺	S=1/50
会社名	凸凹設計事務所

5. 表題欄を選択窓で囲める位置（表題欄の右下）で
クリックします。表題欄が選択されます。

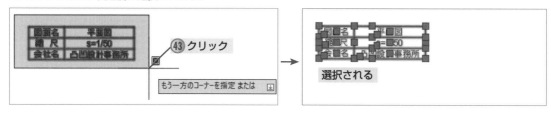

6. 右クリックし、ショートカットメニューの「クリップ
ボード」から「基点コピー」を選択します。

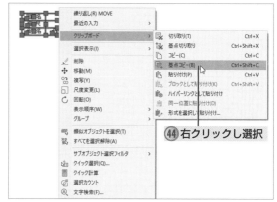

7. 基点（表題欄の右下）をOSNAP（端点）を使っ
てクリックします。

8. 「レイアウト1」タブをクリックします。

9. 「ホーム」タブの「クリップボード」パネルで「貼
り付け」ボタン🗐を選択します。

その他の方法
右クリックし、ショートカットメニューから「クリッ
プボード」→「貼り付け」を選択します。

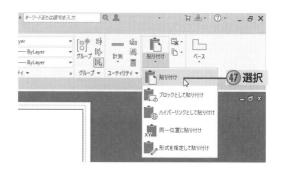

10. コピーした表題欄が表示されます。

挿入点を指定:

11. 挿入点（図面枠の右下）を OSNAP（端点）を使ってクリックします。

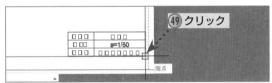

（レイアウト名の変更）

1. 「レイアウト 1」タブ上で右クリックし、ショートカットメニューから「名前変更」を選択します。
「レイアウト 1」の部分が選択された状態になります。

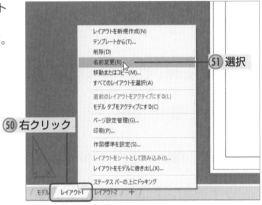

2. 「A3 用紙」と入力します。

（不必要なレイアウトを削除するには）

1. 不必要なレイアウト上で右クリックし、ショートカットメニューから「削除」を選択します。

2. メッセージを確認して「OK」ボタンをクリックします。

8. ステータスバーの設定

1.「モデル」タブをクリックし、モデル空間に戻ります。

2. モデル空間の表題欄は必要ないので削除します。

3. ステータスバーのグリッド、OSNAP 等よく使う作図補助機能の設定を行います。

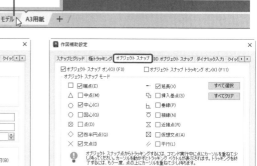

㊺ **クリック**

㊻ **各設定をする**

9. 画面表示の設定

現在画層を 0 にしておきます。

ナビゲーションバーの「図面全体ズーム」をクリックします。

㊼ **画層を選択**

㊽ **クリック**

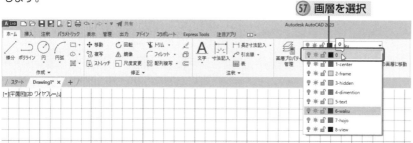

テンプレートとして保存

1. コマンドを選択

1.「アプリケーションメニュー」の「名前を付けて保存」→「図面テンプレート」を選択します。

2.「図面に名前を付けて保存」ダイアログボックスが表示されます。

① **選択**

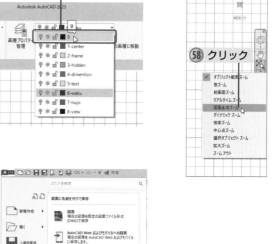

2. ファイル名の入力

ファイル名を入力し、「保存」をクリックします。
ファイル名の先頭に、数字を付けておくとリストの上
方に表示されます。

3. テンプレートの説明

「テンプレートオプション」ダイアログボックスが表
示されます。
テンプレートの説明を入力し、「OK」ボタンをクリッ
クします。

4. テンプレートを閉じる

タブの右側にある「閉じる」ボタン × をクリックし
てテンプレートを閉じます。

テンプレートを使用する

作ったテンプレートを開いてみましょう。

1. コマンドを選択

クイックアクセスツールバーの「クイック新規作成」
ボタン □ をクリックします。

その他の方法
「アプリケーションメニュー」→「新規作成」を選択
します。

2. テンプレートを選択

作成した「1 基本スタイル .dwt」を選択し、「開く」
をクリックします。

※「新規作成」ボタンや「スタート」タブ→スタートアップの「図面を
開始」では、最後に使用したテンプレートが表示されます。
既存のテンプレートを使用する場合は、acadiso.dwt を選択します。
（AutoCAD LT 2021 以前のバージョンは acadltiso.dwt です。）

Chapter 8-2

他の図面から図形を複写する

同じ図面の中だけでなく、他の図面で描いた図形を複写して利用することができます。図面間で複写を行うには、複写元の図面ファイルと、複写先の図面ファイルの両方を開いておく必要があります。

図面 A から B に複写する

図面 A の図形 C を図面 B に複写します。

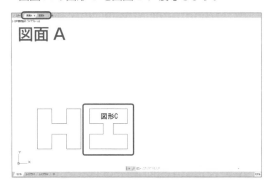

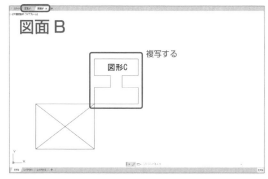

1. 図面の準備

1. クイックアクセスツールバーの「開く」ボタン 📂 をクリックし図面 A と図面 B をそれぞれ開きます。

2. ファイルタブで「図面 A」をクリックします。

① 図面 A と B を開く

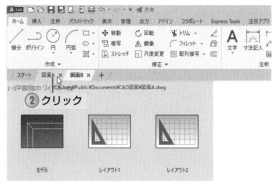

② クリック

3.「図面 A」が手前に表示されます。

その他の方法
「表示」タブの「インタフェース」パネルで「ウィンドウ切替え」ボタンをクリックし、「図面 A」を選択します。

③ 図面 A が手前になる

2. 図形の選択

複写する図形 C を選択窓を使って選択します。

1. 図形 C の左上でクリックします。

2. 図形 C の右下でクリックします。

3. 図形 C が選択されます。

4. 右クリックし、ショートカットメニューから「ク
リップボード」→「基点コピー」を選択します。

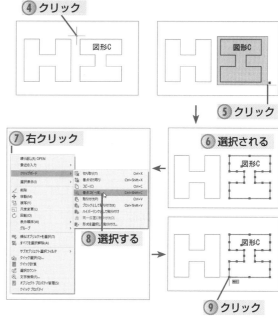

5. 図形 C の左下点をクリックします。

3. 複写先ファイルの選択

1. ファイルタブで「図面 B」をクリックします。

2. 図面 B が手前に表示されます。

3. 「ホーム」 タブの「クリップボード」 パネルから「貼
り付け」をクリックします。

4. 図面 B で元図形の右上をクリックします。

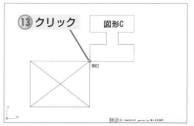

Chapter 8-3

ブロック

同じ図形を何度も描く必要がないことが CAD で製図するメリットの 1 つでした。ブロックという機能では、いくつかの図形から作られた複合図形を 1 つの部品として扱うことができます。

複合図形を 1 つの部品として扱うと、以下のようなメリットがあります。

・**編集の手間が減らせる**

・**同じ部品を別の図面でも描き直すことなく利用できる**

・**データサイズを小さくできる**

ブロックの登録

同じファイル内で複合図形を使えるように登録します。
ブロックとして登録する図形を描く時には、ルールがあります。

① **0 画層で作成する**

② **色、線種、線の太さは「ByLayer」で作成する**

新規図面に、以上のルールにそって描いたドアの平面図を使って
ブロックの登録方法について説明します。

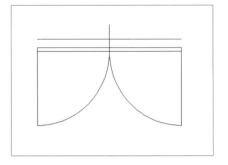

1. コマンドを選択

「挿入」タブの「ブロック定義」パネルで「ブロック
作成」 をクリックします。

2. ファイル名を記入

「ブロック定義」ダイアログボックスが表示されます。
ブロックにファイル名を付けます。
ここでは、キーボードから「ドア A」と入力します。

3. オブジェクトを選択

1. ブロックにしたいオブジェクト全体を選択します。
「オブジェクトを選択」ボタン をクリックします。

2. ドアを選択窓で囲み、選択します。

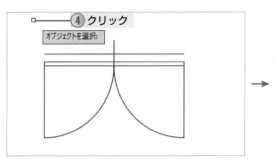

3. 右クリックして確定します。

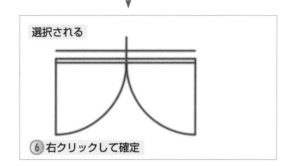

4. 挿入基点を指定

1.「挿入基点を指定」ボタン　をクリックします。

2. ブロックを挿入する時の基点になる位置を
OSNAP（端点）を使ってクリックします。

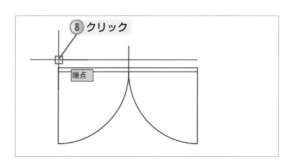

3.「OK」ボタンをクリックして、「ブロック定義」ダイアログボックスを閉じます。

4. 図面に「ブロック練習」という名前を付けて保存します。

⑨ クリック

ブロックの挿入

ブロックを挿入する方法として、ブロックを作成した図面内に挿入する場合と、他の図面に挿入する場合があります。それぞれの方法について説明します。

ブロックを作成した図面内に挿入する場合

「ブロック練習」ファイルを開いておきます。

1. コマンドの選択

「挿入」タブの「ブロック」パネルで「挿入」ボタン をクリックします。

① クリック

2. ブロック名を選択

既に図面に登録してあるブロックが表示されます。挿入したいブロックをクリックして選択します。

② クリック

3. 挿入位置を指定

クロスヘアカーソルに挿入基点として設定した位置が表示されるので、配置したい位置をクリックします（正確な位置に配置する場合はOSNAPを使用します）。

③ クリック

挿入位置を指定 または

他の図面からブロックを挿入する場合

ブロックを挿入したい図面を用意しておきます。

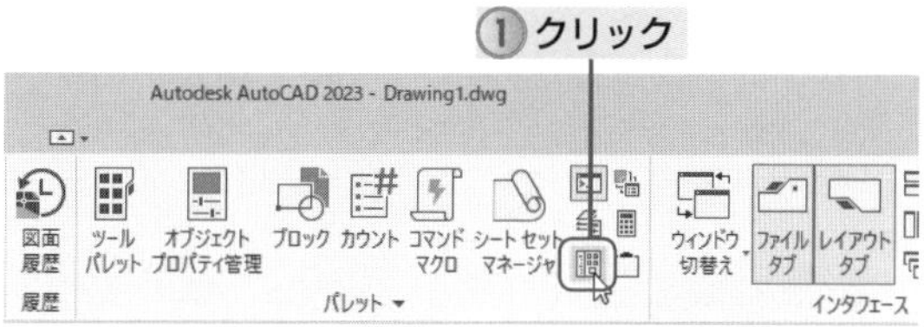

1. コマンドを選択

「表示」タブの「パレット」パネルで「DesignCenter」ボタン をクリックします。
DesignCenter が表示されます。

2. ファイルを選択

1. 左側に表示されたブロックの入っているファイル名をクリックします。
2. 右側の「ブロック」をダブルクリックします。
3. 右側に登録されているブロックが表示されます。

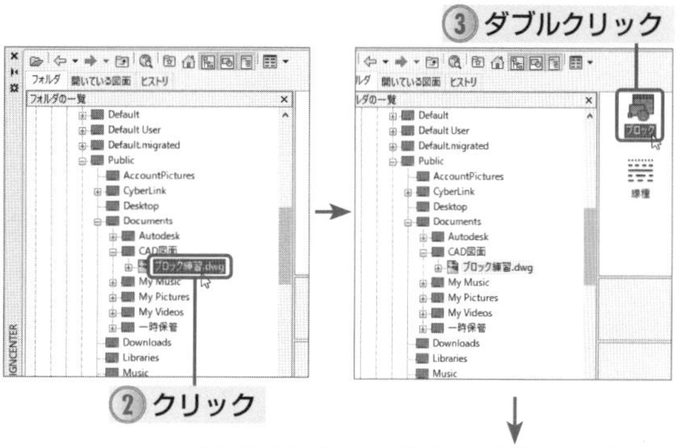

3. ブロックの挿入

1. 「ドア A」をダブルクリックします。

2. 「ブロック挿入」ダイアログボックスが表示されます。ブロック名を確認し、「OK」ボタンをクリックします。

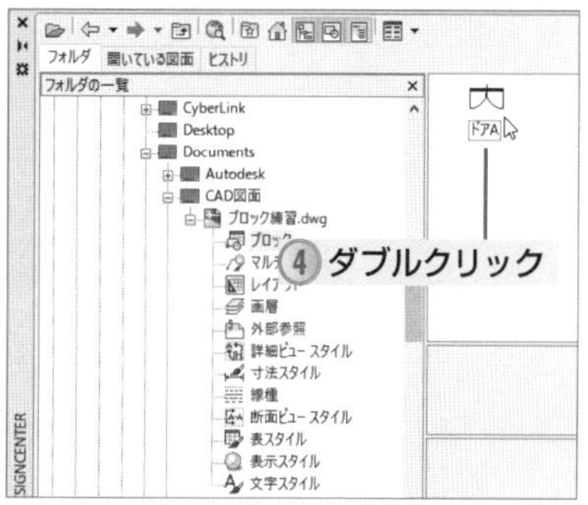

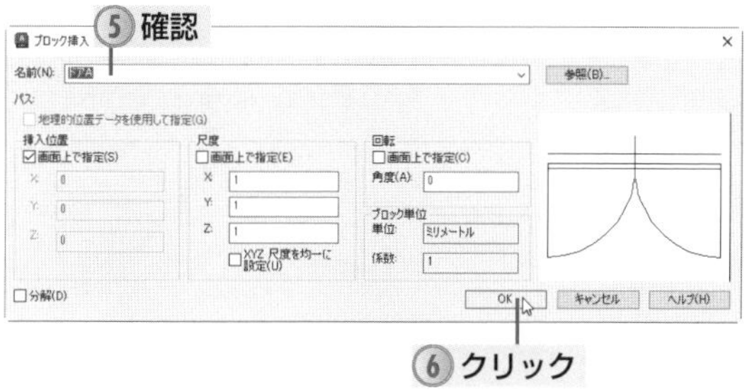

4. ブロックの配置

ブロックを配置したい位置をクリックします。

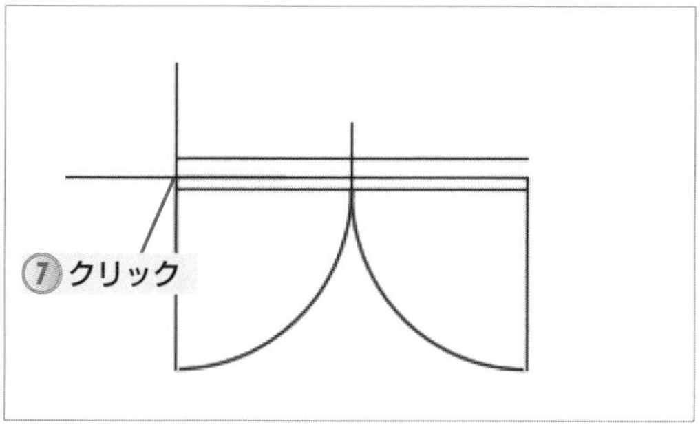

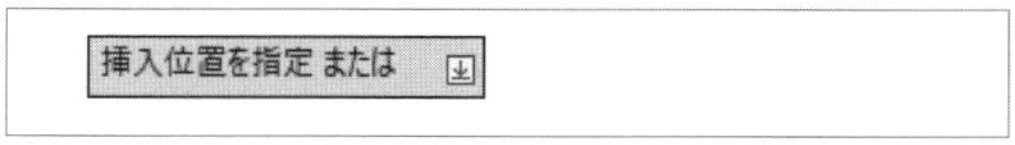

HINT & TIPS

DesignCenter を非表示にするには

ブロックを挿入する時に DesignCenter が邪魔になる場合は、閉じるか、「自動的に隠す」設定にしておきましょう。「DesignCenter」のタイトルバー上で右クリックするとショートカットメニューが表示されます。

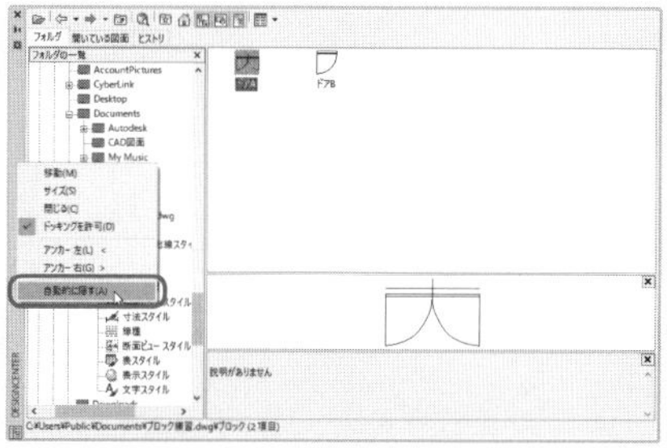

ブロックの解除

　ブロックは、１つの部品として定義されているため、一部分だけを編集することができません。編集の必要がある場合には、分解を行います。

　分解の方法は、ポリライン図形と同じです。

1. コマンドを選択

　「ホーム」タブの「修正」パネルで「分解」ボタン🔲をクリックします。

① クリック

2. オブジェクトを選択

1. 分解するブロック上でクリックします。

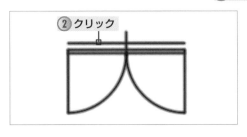

② クリック

　オブジェクトを選択:

2. ブロックが選択されます。

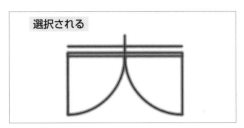

選択される

3. 確定

　右クリックすると分解されます。

③ 右クリックで確定

HINT & TIPS

ブロック図形をカウントする

AutoCAD 2022、2023では、図面に挿入したブロックの数を表示したり、カウント数を表にすることができます。

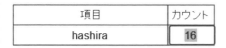

項目	カウント
hashira	16

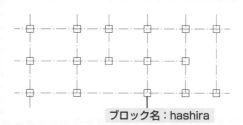

ブロック名：hashira

1. 「表示」タブの「パレット」パネル→「カウント」をクリックします。

① クリック

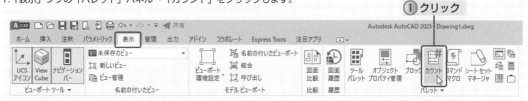

2. カウントパネルに図面内の「ブロック名：hashira」の数が表示されます。

3. 「表を作成」ボタンをクリックします。

③ クリック

表を作成

② ブロック数がカウントされます

4. 「挿入」をクリックします。

④ クリック

キャンセル　　挿入

※図面内の図形を右クリックし、ショートカットメニューからカウントすることもできます。

クリック　　　(AutoCAD 2022)

5. 挿入位置を指定します。

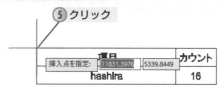

⑤ クリック

挿入点を指定： 11831.3976　5339.8449

項目	カウント
hashira	16

カウント: 16

Chapter 8-4

ダイナミックブロック

ダイナミックブロックは、ブロック図形でよく変更される長さや角度の動き（アクション）をあらかじめ定義し、挿入後、図面上で簡単に変更することができるようにします。ダイナミックブロックのアクションは組み合わせが可能で、使い方次第で効率が上がります。ダイナミックブロックの基本的な操作方法を説明します。

ダイナミックブロックの設定

ダイナミックブロックには、以下の 2 つの設定が必要です。

1. パラメータの設定

アクションを設定した時に変更される位置を定義します。

2. アクションの設定

ブロックにどんな変更を行うか決めます。

すでにブロックとして登録済みの図形に対してダイナミックブロックを設定する方法を説明します。

回転アクション

ブロック「図形 B」の e 点を中心として回転できるように「回転」アクションを設定してみましょう。

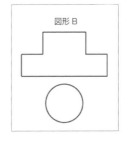

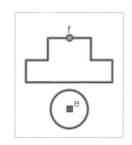

1. コマンドを選択

「挿入」タブの「ブロック定義」パネルで「ブロックエディタ」ボタン🖼をクリックします。

※ LT2019 以前のバージョンでは、「エディタ」ボタンをクリックします。

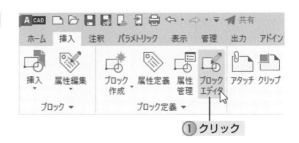

① クリック

2. ブロックの選択

すでに登録済みのブロック「図形B」
を選択し、「OK」をクリックします。

3. パラメータの設定

1.「パラメータ」タブの「回転」をクリックします。

2. 回転の基準にしたい点（e）をクリックします。

基点を指定 または　　⬇

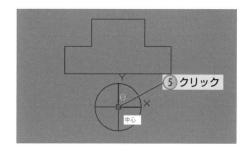

3. 回転の半径となる位置（f）をクリックします。

パラメータの半径を指定:

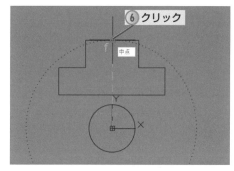

4. 既定値となる回転角度の位置をクリックします。

既定の回転角度を指定 または　　⬇

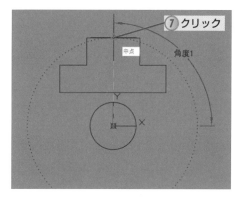

5. ラベルを配置する位置をクリックします。

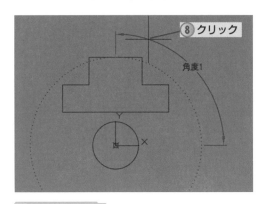

4. アクションの設定

1.「アクション」タブをクリックし、「回転」をクリックして選択します。

2. 設定した回転パラメータをクリックします。

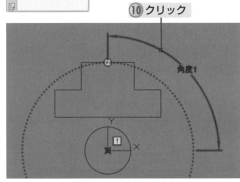

3. 回転する図形を選択し、右クリックします。

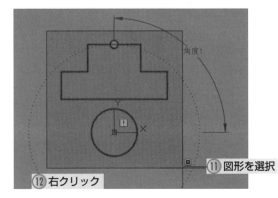

5. ブロック定義の保存

「ブロックエディタ」タブの「開く / 保存」パネルで「ブロックを保存」ボタン🖫をクリックします。

⑬ クリック

6. コマンドの終了

「エディタを閉じる」ボタンをクリックします。

⑭ クリック

回転アクションの利用方法

1. ダイナミックブロックの選択

図面上に配置されたダイナミックブロックをクリックして選択します。

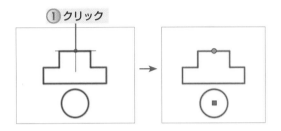

① クリック

2. パラメータを指定

設定したパラメータ位置をクリックします。
→色が赤くなります。

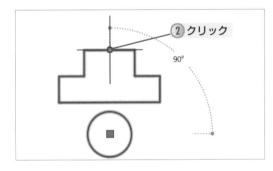

② クリック

90°

3. 回転位置を指定

回転する位置をクリックまたは、キーボードから角度入力します。

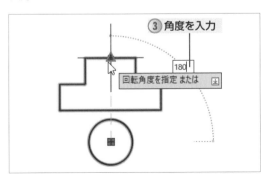

③ 角度を入力

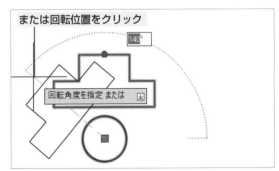

または回転位置をクリック

4. 選択の解除

キーボードの Esc キーを押し選択を解除します。

ストレッチアクション

ブロック「図形 C」の gh 間の長さを変更できるようにストレッチアクションを設定してみましょう。

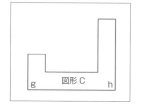
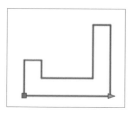

1. コマンドを選択

「挿入」タブの「ブロック定義」パネルで「ブロックエディタ」ボタン📇をクリックします。

※ LT2019 以前のバージョンは「エディタ」をクリックします。

2. ブロックを選択

「ブロック定義を編集」ダイアログボックスで、すでに登録済みのブロック「図形 C」を選択し、「OK」ボタンをクリックします。

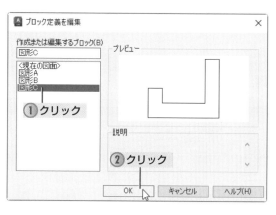

3. パラメータの設定

1. パラメータタブの「直線状」📐をクリックします。

2. 始点にしたい点 (g) をクリックします。

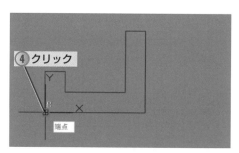

3. 終点にしたい位置 (h) をクリックします。

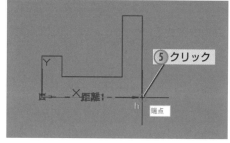

4. ラベルを配置する位置をクリックします。

```
ラベルの位置を指定:
```

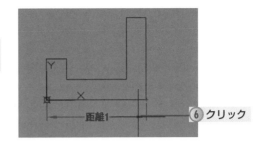

4. グリップの設定変更

直線状パラメータをクリックして選択後、右クリックし、ショートカットメニューから「グリップ表示」の「1」を選択します。

5. アクションの設定

1.「アクション」タブをクリックし、「ストレッチ」を選択します。

2. 設定した直線状パラメータをクリックします。

```
パラメータを選択:
```

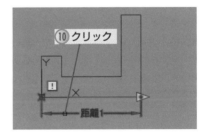

3. アクションと関連付けるパラメータ上の点をクリックします。

```
アクションと関連付けるパラメータ点を指定 または  ⬇
```

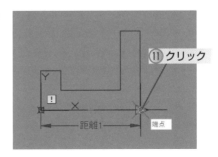

4. ストレッチ枠の 1 点目をクリックします。

ストレッチ枠の最初の点を指定 または   ⬇

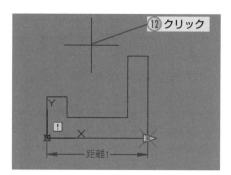

5. ストレッチ枠の 2 点目をクリックします。

もう一方のコーナーを指定:

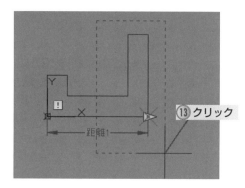

6. ストレッチする図形を交差窓で選択し、右クリックします。

オブジェクトを選択: もう一方のコーナーを指定:

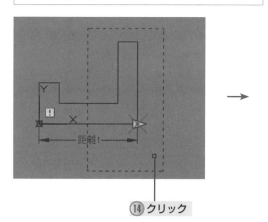

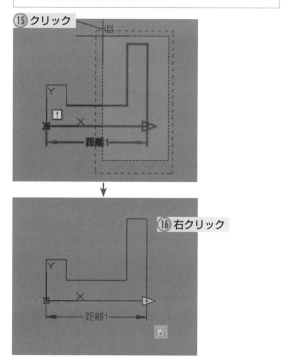

6 ブロック定義の保存

「ブロックエディタ」パネルの「開く / 保存」パネル
で「ブロックを保存」ボタン🔳をクリックします。

⑰ クリック

7. コマンドの終了

「エディタを閉じる」ボタン✔をクリックします。

⑱ クリック

ストレッチアクションの利用方法

1. ダイナミックブロックを選択

図面上に配置されたダイナミックブロックをクリック
して選択します。

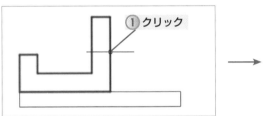

① クリック

2. パラメータをクリック

設定したパラメータ位置をクリックします。
→数値入力ができるようになります。

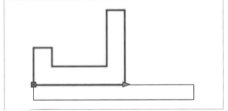

② クリック

3. ストレッチ位置の指定

ストレッチする位置をクリックまたは、キーボードか
ら数値入力します。

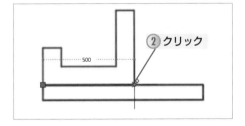

③ クリック

4. 選択の解除

キーボードの Esc キーを押し選択を解除します。

HINT & TIPS

ブロックの分解

ブロック登録した図形は、分解して挿入することもできます。

1. 「挿入」タブの「ブロック」→「挿入」→「最近使用したブロック」をクリックしブロックパレットを表示させます。

2. 「現在の画像」タブから挿入するブロックを選択し、「分解」にチェックを入れます。

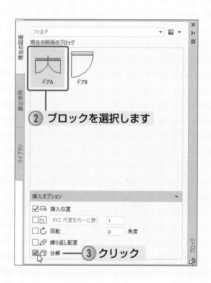

3. 作業領域の挿入位置を指定します。

※ AutoCAD LT 2019 以前のバージョンでは、「ブロック」→「挿入」→「その他のオプション」から「ブロック挿入」ダイアログボックスで「分解」をチェックします。

Chapter 8-5

ハッチング

指定した領域内を同じパターンで塗り潰します。図面では、コンクリートの模様や、タイルの模様、強調部分などの用途で用いられます。ハッチング機能を使うには、領域の指定と塗り潰すパターンの選択を行います。ハッチングで作成されたパターン図形は、まとまった1つの図形として定義されています。一部分だけを編集するには、分解が必要です。また、ハッチングを行う領域は、閉じられた図形である必要があります。ハッチングの基本的な使い方について説明します。

斜線を使ったハッチング

　斜線を使ってハッチングをします。線と線の幅、線の角度、塗り潰す領域の設定をします。角度45°・間隔10mmの斜線を使って次のようにハッチングしてみましょう。

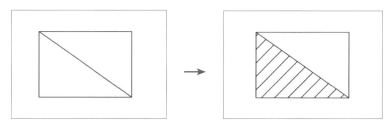

1. コマンドを選択

「ホーム」タブの「作成」パネルで「ハッチング」ボタン▨をクリックします。
「ハッチング作成」タブが表示されます。

① クリック

2. パターンを定義

1.「ハッチング作成」タブの「プロパティ」パネルでハッチングのタイプから「ユーザ定義」を選択します。
2. ハッチング角度を45と入力します。
3. ハッチング間隔を10と入力します。

② 選択

③ 入力

ハッチング角度はスライダーを移動して変更することもできます。

3. 領域を指定

ハッチングをしたい領域内でクリックします。

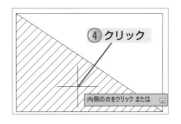

4. ハッチングの終了

「ハッチング作成」タブの「閉じる」パネルで「ハッチング作成を閉じる」ボタン✔をクリックします。

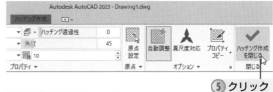

5. 変更

設定を変更する場合は「ハッチング作成を閉じる」をクリックする前に「ハッチング作成」タブで変更します。
または、キーボードの↓キーを押し、オプションリストから「設定」を選択し、「ハッチングとグラデーション」ダイアログボックスの「ハッチング」タブから変更します。

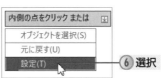

その他の方法
コマンドラインで「設定 (T)」をクリックします。

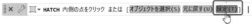

ハッチングの中抜き

図形が二重になっている場合にハッチングを外側の図形だけに行います。

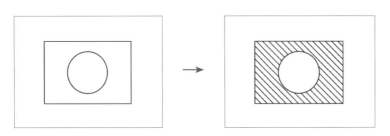

1. コマンドを選択

「ホーム」タブの「作成」パネルで「ハッチング」ボタン▦をクリックします。
リボンに「ハッチング作成」タブが表示されます。

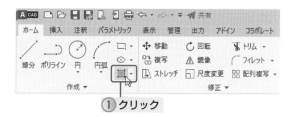

① クリック

2. パターンを定義

1.「ハッチング作成」タブの「プロパティ」パネルでハッチングタイプから「ユーザ定義」を選択します。

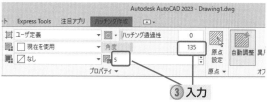

② 選択

2. ハッチング角度を 135 と入力します。

3. ハッチング間隔を 5 と入力します。

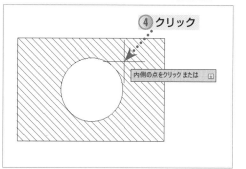

③ 入力

3. 領域を指定

ハッチングをしたい領域内でクリックします。

④ クリック

内側の点をクリック または

⑤ 右クリックして選択

4. 終了

右クリックし、ショートカットメニューから「Enter」を選択します。

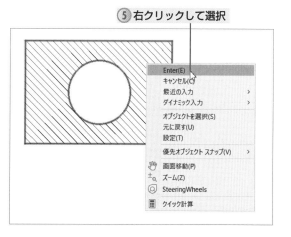

模様を使ったハッチング

AutoCAD では、あらかじめパターンが用意されています。用意されているパターンを使用することで、簡単に模様を使ったハッチングをすることができます。

ツールパレットからハッチングする方法

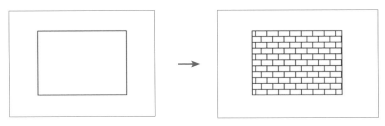

① クリック

1. コマンドを選択

「表示」タブの「パレット」パネルで「ツールパレット」ボタン圖をクリックします（画面上に「ツールパレット」が表示されていない時に行います）。

「ツールパレット」ウインドウが表示されます。

2. ハッチングの種類選択

表示が違うときは「ハッチングと塗り潰し」タブをクリックします。

② クリック

③ クリック

3. パターンの選択

「ISO ハッチング」の「レンガ」をクリックします。

4. 領域を指定

ハッチングをしたい領域内をクリックすると適用されます。

挿入点を指定:

④ クリック

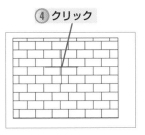

HINT & TIPS

「パターン」パネルでのパターン指定

模様を使ったハッチングは「ハッチング」コマンドを実行した後に表示される「ハッチング作成」タブの「パターン」パネルから行うこともできます。

「プロパティ」パネルのハッチングタイプで「パターン」を選択後、「パターン」パネルのリストからパターン名を選択します。

[-][平面図][2D ワイヤフレーム]

パネルの左側にある、⬇ボタンをクリックするとイメージの一覧を確認できます。

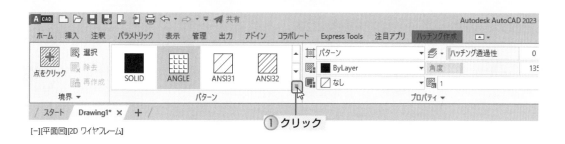

[-][平面図][2D ワイヤフレーム]

①クリック

②イメージから選択

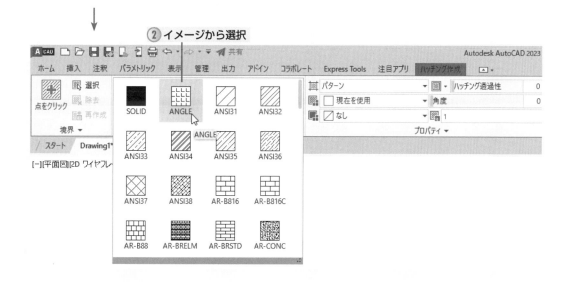

[-][平面図][2D ワイヤフレ

ハッチングパターンを適用する

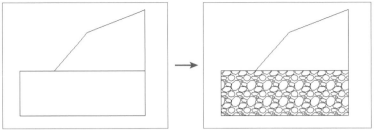

1. コマンドを選択

「ホーム」タブの「作成」パネルで「ハッチング」ボタンをクリックします。

① クリック

2. ハッチングタイプの選択

「ハッチング作成」タブの「プロパティ」パネルでハッチングのタイプから「パターン」を選択します。

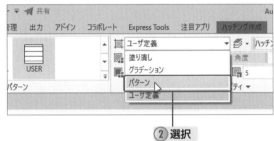

② 選択

3. パターンを選択

1. ▼をクリックしてスクロールし、目的のパターンを表示します。

2. GRAVEL をクリックします。

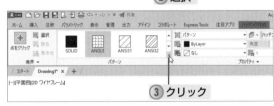

③ クリック

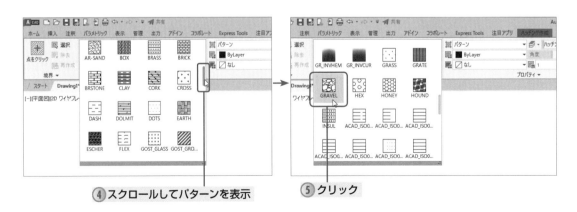

④ スクロールしてパターンを表示

⑤ クリック

4. パターンを適用

選択したい領域内でクリックします。

※パターンをダブルクリックした後、DesignCenter を閉じても、ハッチングコマンドは継続されます。

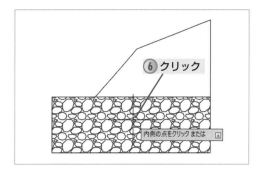

5. 終了

右クリックし、ショートカットメニューから「Enter」を選択します。

⑦ 右クリックして選択

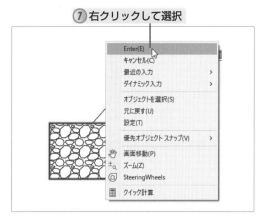

HINT & TIPS

パターンの尺度

ハッチングの模様が細かすぎたり、大きすぎる場合は「ハッチング作成」タブの「プロパティ」パネルから変更することができます。

ハッチングパターン尺度を変更

HINT & TIPS

AutoCAD の 3D のワークスペースに切り替える

AutoCAD では、3D 図形の作図、編集を行うことができます。

3D 図形は、3D 用のワークスペースで描画します。

ワークスペースの切り替えは、「クイックアクセスツールバー」から行います。

「クイックアクセスツールバーをカスタマイズ」ボタンをクリックし、「ワークスペース」を選択します。

ワークスペースのメニューから「3D 基本」または、「3D モデリング」を選ぶと、3D ワークスペースになり、3D の機能が使えるようになります。

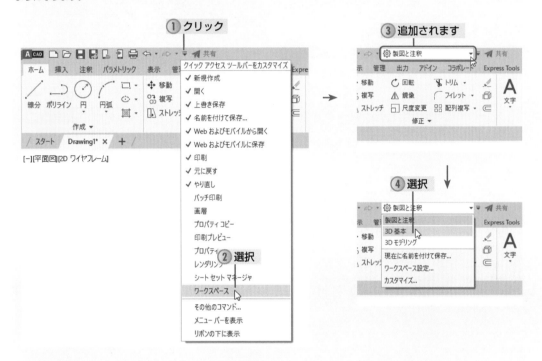

「3D 基本」ワークスペース

「ホーム」タブでは、3D 図形の作成（形状、押し出し、回転などによる作成、3D 図形同士の編集、移動、オフセット、削除などの修正、選択、UCS など、3D に関する基本的なボタンが配置されています。「ビジュアライズ」タブでは表示ビュー、光源、マテリアルなどのツールがあります。

「3D モデリング」ワークスペース

3D モデリングを作成するために 2D も含め必要なコマンドボタンがすべて集められています。3D 図形には回転やトリムなど 2D で説明したコマンドも使用することができます。

HINT & TIPS

AutoCAD の 3D

本書は AutoCAD で2D 図形の作図と編集の
基本操作を習得する内容となっていますが、
AutoCAD 2022 以降では、これまでの LT
ユーザーも 3D 機能を使用できるようになり
ました。そこで、3D の基本について簡単に
説明します。

2D ワイヤーフレーム　リアリスティック　隠線処理　X 線

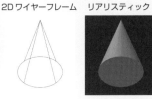  

簡単な 3D 図形の作図例 (円錐)

1. ステータスバーでワークスペースを「3D モデリング」に
切り替えます。

2.「ホーム」タブの「モデリング」パネルから「円錐」をクリッ
クします。

3. 底面の中心位置をクリックします。

4. 底面の半径を 50 と入力し、Enter キーを押します。

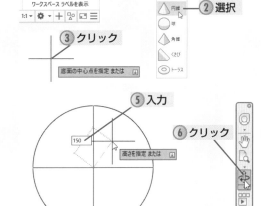

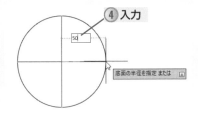

5. 高さを 150 と入力し、Enter キーを押します。

6. オービットをクリックし視点を変更します。
図形の横でクリックしたまま、上に向かってマウスを移動させると、視点が上面から前面に移動します。

⑦ クリックし上にマウスを移動　⑧ 視点が上面から前面に移動

7. 右クリックし、ショートカットメニューから
「終了」をクリックします。

8. 表示スタイルコントロールから「リアリスティック」を選択し、形状を確認します。

9. 表示スタイルコントロールから「2D ワイヤーフレーム」を選択し元に戻します。

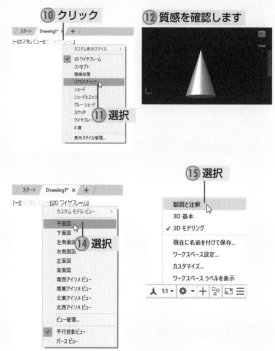

10. ビューコントロールから「平面図」を選択します。

11. ステータスバーまたはクイックアクセスツールバーからワークスペースを「製図と注釈」に切り替えます。

3D 空間の表示
3D 図形を作図する際は、視点の位置を変更すると作業効率が上がります。

オービット
一点を固定して、視点を移動させます。

ビューコントロール
表示視点をメニューから変更します。

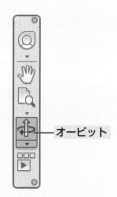

オービット

View Cube (66 ページ参照)
現在の視点を Cube で視覚的に確認し変更します。

View Cube

Chapter 8-6

表を作成する

表は、図面の中でよく使われます。「線分」コマンドや文字を組み合わせて書くこともできますが、AutoCAD には「表」コマンドという機能があるので、利用しましょう。表に使用する文字スタイルや、文字の高さは「表のスタイル」として管理されます。表に関する編集の機能は、編集したいセルを選択したあと、コマンドを実行します。他のコマンドとは操作方法が逆なので、気をつけましょう。簡単な表の作成について説明します。

表の作成

まず、表の構成について確認しましょう。表の作成には、最低限 3 つの設定が必要です。

1. **表で使う文字・線の太さ (表スタイル)**
2. **列の数**
3. **行の数**

タイトル		
見出し	見出し	見出し
データ	データ	データ

表の構成

「表で使う文字の大きさ」は、初期値ではタイトル行の文字高さ 6mm、見出し行 4.5mm、データ行 4.5mm に設定されています。変更の必要がない場合は、AutoCAD で用意されている「standard」という表スタイルを使用します。変更したい場合は、新規に「表スタイル」を登録します。

「表」コマンドを使って右のような簡単な表を作成してみましょう。

文字の高さはタイトル行の 6mm、見出し行 4mm、データ行を 4mm に設定します。

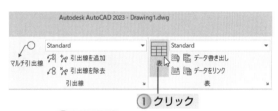

三斜求積表			
NO	底辺	高さ	倍面積
1	20.0300	5.8000	
2	22.8800	6.3000	
倍面積合計			
敷地面積			

1. コマンドを選択

「注釈」タブの「表」パネルで「表」ボタン をクリックすると、「表を挿入」ダイアログボックスが表示されます。

その他の方法
「ホーム」タブの「注釈」パネルで「表」ボタン をクリックします。

2. 表スタイルを設定

1.「表スタイル管理ダイアログボックスを起動」ボタン をクリックします。

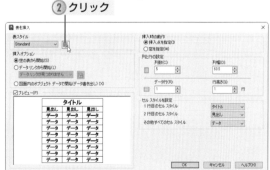

2.「新規作成」ボタンをクリックします。

3. 表のスタイル名をキーボードから入力します。
「求積表」と入力し、「続ける」ボタンをクリックします。
す。

4. セルスタイルの「データ」の「文字」タブで「文字の高さ」にキーボードから「4」と入力します。

5. セルスタイルから「見出し」を選択し「文字」タブの「文字の高さ」に4と入力します。

6. セルスタイルから「タイトル」を選択し「文字」タブの「文字の高さ」が6になっているか確認します。
7.「OK」ボタンをクリックします。

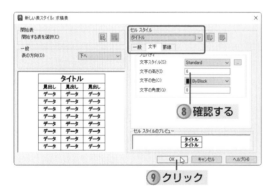

8.「現在に設定」をクリックし、「閉じる」ボタンをクリックします。

3. 列と行を設定

列数とデータ行をそれぞれ「4」にし、「OK」ボタンをクリックします。

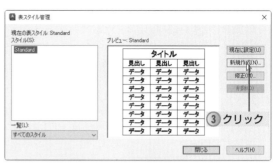

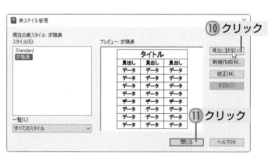

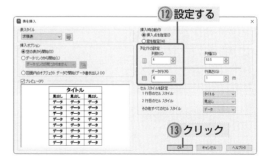

4. 表の挿入

表を配置したい位置をクリックします。

⑭ 表の挿入位置でクリック

5. 文字の入力

1. キーボードから「三斜求積表」と入力し、Enter キーを押します。
カーソルが下の段に移動します。

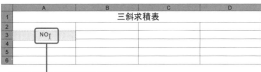

⑮ 入力し Enter を押す

2. A2 セルに「NO」と入力し、Enter キーを押します。

⑯ 入力し Enter を押す

3.「1」と入力し、Enter キーを押します。
4.「2」と入力し、Enter キーを押します。

5.「倍面積合計」と入力し、Enter キーを押します。
6.「敷地面積」と入力し、Enter キーを押します。

⑰ 入力する　　⑱ ダブルクリック

6. 次の行の文字入力

1. 入力したいセルをダブルクリックします。

2.「底辺」と入力し、Enter キーを押します。
3. 20.03 と入力し、Enter キーを押します。
4. 22.88 と入力し、Enter キーを押します。

同様に右の「高さ」の列と見出し行の「倍面積」を入力します。

⑲ 選択される
⑳ 入力する
㉑ 入力する

計算をする

　表内に半角で入力した数値を使って計算することができます。倍面積の列に計算式を入力してみましょう。

完成図　　　　　　　　　　　　　　　　　　　　　　　　　底辺 × 高さ

NO	底辺	高さ	倍面積
1	20.0300	5.8000	116.1740
2	22.8800	6.3000	144.1440
倍面積合計			260.3180
敷地面積		倍面積合計 ÷2	130.1590

1. セルの選択

数式を入力するセルをクリックします。

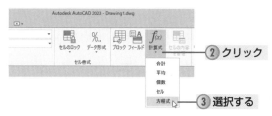

2. コマンドを選択

「表セル」タブの「挿入」パネルから「計算式」$f(x)$ の「方程式」を選択します。

3. 数式の入力

計算式「b3*c3」を入力し、Enter キーを押します。

同様に No2 の行の倍面積の式を「b4*c4」を入力します。

4. 合計を求める

1. 倍面積合計のセルをクリックして選択します。

2.「表セル」タブの「挿入」パネルから「計算式」$f(x)$ の「合計」を選択します。

3. 合計したいセル（D3 と D4）を窓で囲みます。

4. 入力された計算式 =Sum(D3:D4) を確認し、Enter キーを押します。

5.「表セル」タブの「挿入」パネルから「計算式」の「方程式」を使って敷地面積の計算式「d5/2」を入力し、Enter キーを押します（倍面積合計 ÷2）。

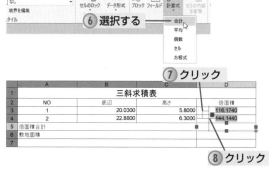

HINT & TIPS

セルの位置番号を利用する

数式には、計算したい数値が入力されているセルの位置番号を使用します。セルの位置番号は列のアルファベットと行の数字を組み合わせて表します。

セルの位置番号

	A	B	C
1			
2	A2	B2	C2
3	A3	B3	C3
4	A4	B4	C4
5	A5	B5	C5
6	A6	B6	C6

加算は +、減算は -、乗算は *、除算は / を使用します。

例）100÷50 の場合

	A	B	C
1			
2			
3			
4	100	50	=A4/B4

↓

100	50	2.000000

セルを結合する

隣同士のセルや上下のセルをつなげることができます。倍面積合計の行と敷地面積の行を結合してみましょう。

1. 対象セルを選択

倍面積合計のセル上でマウスの左ボタンを押したまま右に移動します。
結合したいセルが点線枠に入ったら左ボタンをはなします。
結合したいセルが選択されます。

① ドラッグ
② 選択される

2. コマンドを選択

「表セル」タブの「結合」パネルで「セルを結合」ボタン🔲をクリックし、「行を結合」を選択します。

同様に敷地面積の行も結合します。

③ クリック
④ 選択する

3. コマンドの終了

選択されているセル以外の場所をクリックすると選択が解除されます。

文字の位置を変更する

「倍面積合計」「敷地面積」の位置を左寄せに、NO 列の数字「1」、「2」の位置を中央に変更してみましょう。

三斜求積表			
NO	底辺	高さ	倍面積
1	20.0300	5.8000	116.1740
2	22.8800	6.3000	144.1440
倍面積合計			260.3180
敷地面積			130.1590

→

三斜求積表			
NO	底辺	高さ	倍面積
1	20.0300	5.8000	116.1740
2	22.8800	6.3000	144.1440
倍面積合計			260.3180
敷地面積			130.1590

1. 対象セルを選択

倍面積のセル上でマウスの左ボタンを押したまま下に移動し下のセルが点線枠に入ったら、左ボタンをはなします。

対象のセルが選択されます。

2. コマンドを選択

「表セル」タブの「セルスタイル」パネルで「位置合わせ」ボタンをクリックし「中-左寄せ」を選択します。

※ LT2019 以前のバージョンでは、「位置合わせ」をクリックします。

3. コマンドの終了

キーボードの Esc キーを押すと、選択が解除されます。

中-左寄せ

4. 中-中心にする

同様に NO 列の「1」「2」のセルを選択し、「表セル」タブの「セルスタイル」パネルの　▼　→「中-中心」を選択します。

※ LT2020/LT2021 のパネルには、前回使用した位置合わせの項目名が表示されます。LT2019 以前のバージョンでは、「位置合わせ」から選択します。

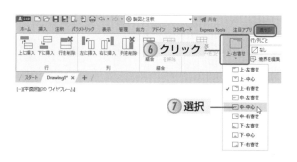

HINT & TIPS

表の文字スタイルを変更するには

表で使用する文字スタイルは、初期値では「Standard」が使用されます。違うフォントの文字を表で使用したい場合は、「ホーム」タブ→「注釈」パネルの「文字スタイル管理」で使用したい文字スタイルをあらかじめ新規作成し、「表スタイルを編集」ダイアログボックスで選択します。（文字スタイルの設定方法は P.161 を参照）文字スタイル管理で設定していない場合は、▢ ボタンをクリックすると、文字スタイルを新規作成することができます。表の文字スタイルを変更する時は、セルスタイルの「データ」だけでなく、「見出し」、「タイトル」の文字スタイルもそれぞれ変更する必要があります。

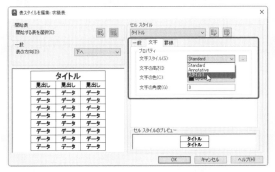 

HINT & TIPS

カーソルを移動するには

セルの選択中は、キーボードの矢印キー（↑↓←→）で上下左右にカーソル移動して、編集するセルを変えることができます。

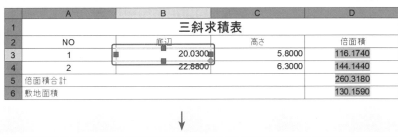

↓

Chapter 8-7

2点間の中点を拾う（一時 OSNAP）

オブジェクトスナップで全ての種類を常に ON にしていると、作図中邪魔になる場合があります。定常オブジェクトスナップの設定で OFF にしている点であっても一時的にオブジェクトスナップを使用する方法を覚えると便利です。オブジェクトスナップの ON/OFF で設定する方法を「定常オブジェクトスナップ」といい、一時的に使うオブジェクトスナップを「一時オブジェクトスナップ」といいます。一時オブジェクトスナップは、定常オブジェクトスナップと同じ種類の点を拾うことができます。ここでは、定常オブジェクトスナップにはない、2 点間の中点を拾う方法について説明します。

中点に垂直線を引く

ab 間の中点から dc 間の中点に垂直線を描いてみましょう。2 点間の中点を拾う時は、定常オブジェクトスナップで必要な点を ON にします。

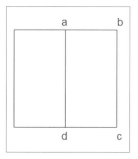
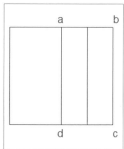

1. コマンドの選択

「ホーム」タブの「作成」パネルで「線分」ボタン をクリックします。

> 1 点目を指定:

2. 一時 OSNAP の利用（線分の始点指示）

1. キーボードの Shift キーを押しながら作図領域内で右クリックします。

2. ショートカットメニューから「2 点間中点」を選択します。

3. 2 点間の 1 点目（a 点）をクリックします。

> 中点の 1 点目:

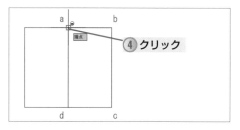

4.2 点間の 2 点目（b 点）をクリックします。

中点の 2 点目:

次の点を指定 または ⊡

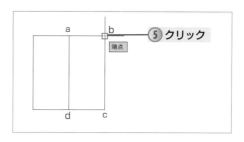

⑤ クリック

3. 一時 OSNAP の利用（線分の終点指示）

1. キーボードの Shift キーを押しながら作図領域内で右クリックします。
2. ショートカットメニューから「2 点間中点」を選択します。

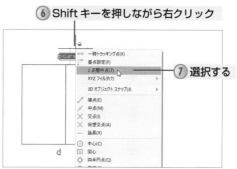

⑥ Shift キーを押しながら右クリック

⑦ 選択する

3.2 点間の 1 点目（d 点）をクリックします。

中点の 1 点目:

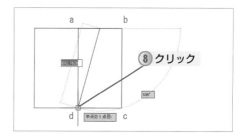

⑧ クリック

4.2 点間の 2 点目（c 点）をクリックします。

中点の 2 点目:

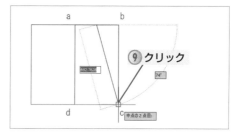

⑨ クリック

4. コマンドの終了

右クリックし、ショートカットメニューから「Enter」を選択します。

⑩ 選択

Chapter 8-8

図面情報・計測機能

図面を描いている時に、編集中の図形について確認する場合があります。AutoCAD には、図面からの情報を得る機能がいくつかあります。図形のプロパティを確認し、変更できる「オブジェクトプロパティ管理」機能、距離計算、面積計算、座標の取得について説明します。

オブジェクトプロパティ管理

　選択したオブジェクトのプロパティを表示します。「プロパティ」パレットは内容を変更すると、選択しているオブジェクトに変更した内容を反映します。

1. コマンドを選択

「表示」タブの「パレット」パネルで「オブジェクトプロパティ管理」ボタン▣をクリックします。
「プロパティ」パレットが表示されます。この時点では、何も選択されていません。

2. ダイアログボックスの移動

プロパティパレットの位置は移動することができます。
プロパティパレット上でクリックしたまま移動したい位置にマウスポインタを移動させます。

※自動的に隠すボタンで必要な時だけ表示させたり、画面端にドラッグすることもできます。

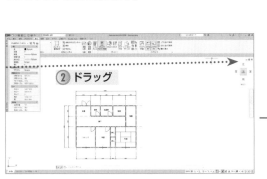

移動する

3. オブジェクトを選択

1. プロパティを確認したいオブジェクトを選択します。
文字の上でクリックすると選択されます。

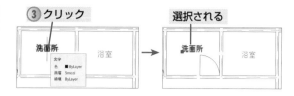

2. 選択したオブジェクトのプロパティが表示されます。

4. オブジェクトの変更

「プロパティ」パレットの文字の内容欄に書いてある「洗面所」を「化粧室」に変更します。

変更される

距離計算

指定した2点間の距離を計測します。

A点からB点までの距離を計測してみましょう。

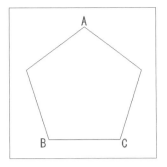

1. コマンドを選択

「ホーム」タブの「ユーティリティ」パネルで「計測」
ボタン⊟から「距離」⊟を選択します。

その他の方法
キーボードからdistと入力し、Enterキーを押します。

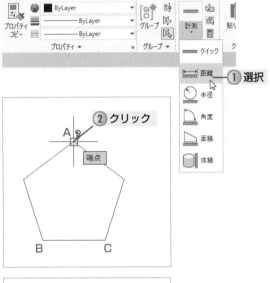

2.1 点目を指定

1点目（A点）をOSNAP（端点）を使ってクリッ
クします。

> 1 点目を指定:

3.2 点目を指定

2点目（B点）をOSNAP（端点）を使ってクリッ
クします。

> 2 点目を指定 または [↓]

4. 距離表示

2点間に関連する距離が表示されます。

> 長さ = 68.1129
> オプションを入力
>
> ● 距離(D)
>   半径(R)
>   角度(A)
>   面積(AR)
>   体積(V)
>   クイック(Q)
>   モード(M)
>   終了(X)

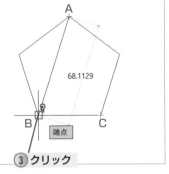

5. コマンドの終了

オプションから「終了」を選択します。

| × 🔧 ⊟ ▾ MEASUREGEOM オプションを入力 [距離(D) 半径(R) 角度(A) 面積(AR) 体積(V) クイック(Q) モード(M) 終了(X)] <距離(D)>:

面積計算

指定した図形の面積を計測します。

1. コマンドを選択

「ホーム」タブの「ユーティリティ」パネルの「計測計算」ボタン □ から「面積」を選択します。

その他の方法
キーボードから area と入力し、Enter キーを押します。

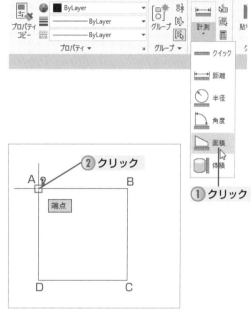

2.1 点目を指定

1 点目（A 点）を OSNAP（端点）を使ってクリックします。

3.2 点目を指定

2 点目（B 点）を OSNAP（端点）を使ってクリックします。

次の点を指定 または

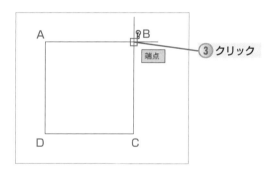

4.3 点目を指定

3 点目（C 点）を OSNAP（端点）を使ってクリックします。

次の点を指定 または

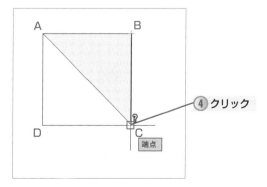

5.4 点目を指定

4 点目（D 点）を OSNAP（端点）を使ってクリックします。

次の点を指定 または ⊡

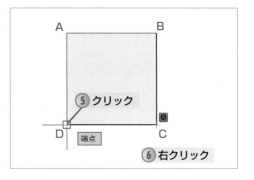

6. 総面積表示

右クリックし、ショートカットメニューから「Enter」を選択します。
ダイナミックウィンドウとコマンドウィンドウに総面積（領域）と周長が表示されます。

7. コマンドの終了

オプションから「終了」を選択します。

HINT & TIPS

ポリライン図形の面積を測るには

1. ポリライン図形の面積を測る場合は、1 点 1 点指示しなくても、オプションから「オブジェクト (O)」を選択すれば簡単に測れます。

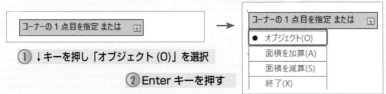

2. オブジェクトが選択できるようになるので、オブジェクトをクリックします。

3. 面積が表示されます。

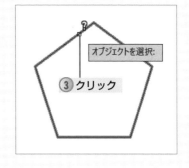

座標を取得する

図面上にある1点（点A）の座標を調べてみましょう。

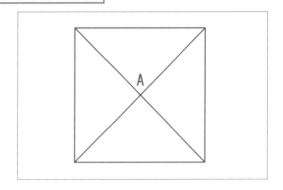

1. コマンドを選択

「ホーム」タブの「ユーティリティ」パネルタイトルをクリックし、「位置表示」を選択します。

2. 点を指定

OSNAP（中点）を使って点Aをクリックします。

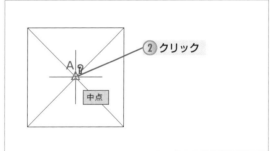

3. 座標値表示

ツールチップに座標値が表示されます。

HINT & TIPS

内側や図形間の自動計測

LT2020以降では、「クイック」計測で図形の内側や図形間を自動で計測できます。

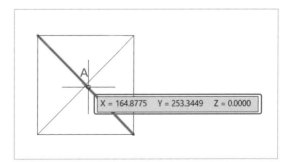

Chapter 8-9

データ交換

電子化が進むにつれて図面も紙に印刷せずに、データとしてファイルのままやり取りする機会が増えてきました。データのやり取りをする際には、注意する点がいくつかあります。データ交換について確認しましょう。

データ交換について

データ交換で気をつけなくてはならないのが、データを送る側と受ける側のCAD環境の違いです。現時点では、まだデータの完全な規格統一というものがされていないので、CADソフトによってデータの形式が様々です。

また、同じCADソフトでもバージョンが違うと完全互換とはいいきれません。送る側が描いた図面を受ける側が確実に再現する方法は、同じCADメーカーの同じバージョンの製品を使って図面を読むことですが、現実には取引先の会社が必ずしも同じCAD、同じバージョンを使っているとは限りません。違うケースの方が多いはずです。

そういった場合は、送る側と受ける側で環境を把握し、最適なデータ交換の方法を考える必要があります。

バージョンの違うAutoCADに図面を渡す場合

AutoCADでは、違うバージョンにデータを渡すためにデータの保存形式が数種類用意されています。データを受ける側に合わせた保存形式を使いましょう（古いバージョンで保存すると新しいバージョンの機能を使って描いた部分が保存されないので、両方のバージョンの形式で保存しておくことをお勧めします）。AutoCAD 2023は、AutoCAD 2018形式で保存されます。

基本的に、古いバージョンのデータは、そのまま新しいバージョンで読み込むことができます。新しいバージョンで作成したデータを古いバージョンで読ませたい時に、ファイルの保存形式を変えます。

新　**AutoCAD 2018 図面（*.dwg）**

↑　**AutoCAD 2013/Auto CAD LT2013 図面（*.dwg）**

AutoCAD 2010/LT 2010 図面（*.dwg）

AutoCAD 2007/LT 2007 図面（*.dwg）

AutoCAD 2004/LT 2004 図面（*.dwg）

AutoCAD 2000/LT 2000 図面（*.dwg）

旧　**AutoCAD R14/LT98/LT97 図面（*.dwg）**

異なるバージョンでの保存方法

1. コマンドを選択

「アプリケーションメニュー」の「名前を付けて保存」
→「図面」を選択します。
「図面に名前を付けて保存」ダイアログボックスが表
示されます。

2. ファイル形式の選択

1. ファイルの保存場所を選択します。
2. ファイル名をキーボードから入力します。

3. 保存

3. 指定したいバージョンの dwg のファイルの種類を
選択します。
「保存」ボタンをクリックします。

違うメーカーの CAD を使用している場合

　ほとんどの CAD メーカーで、DXF 形式のデータが扱えるようになってい
ます。DXF 形式は元々 Autodesk 社の規格で公式な統一規格ではないので、
完全互換はできませんが、事実上標準の中間ファイルとなっています。データ
の受け側に確認し、読めるのであれば DXF に変換しましょう。

DXF と DWG のバージョン対応表

DXF	DWG
AutoCAD 2018 DXF(*.dxf)	AutoCAD 2018(*.dwg)
AutoCAD 2013 DXF(*.dxf)	AutoCAD 2013(*.dwg)
AutoCAD 2010 DXF(*.dxf)	AutoCAD 2010(*.dwg)
AutoCAD 2007 DXF(*.dxf)	AutoCAD 2007(*.dwg)
AutoCAD 2004/ LT 2004 DXF(*.dxf)	AutoCAD 2004(*.dwg)
AutoCAD 2000/ LT 2000 DXF(*.dxf)	AutoCAD 2000(*.dwg)
AutoCAD R12/ LT2 DXF(*.dxf)	AutoCAD 97/98(*.dwg)

Autodesk Trusted DWG

　他社製 CAD の中には、AutoCAD の保存形式（.dwg）に直接書き出せる CAD も存在します。

　AutoCAD では、他社製 CAD で dwg 形式に書き出したファイルを開き、編集することができますが、完全互換とは言い切れませんので、注意しましょう。

　AutoCAD や AutoCAD LT など AutoDesk のアプリケーションで作成され、互換性が完全に保たれたファイルは、画面右下のステータスバーに TrustedDWG アイコンが表示されます。

　アイコンをクリックすると TrustedDWG のビューワの概要が Web ブラウザで表示されます。

CAD ソフトを持っていない場合（PDF 出力）

　図面を PDF 形式で保存します。

　PDF 形式で保存すると相手先が CAD ソフトを持っていない場合でも「Adobe Reader」というソフトを使ってファイルを閲覧することが可能になります。「Adobe Reader」は Adobe 社から無料で配布されています。図面の編集はできませんが、内容の確認ができればいいという場合には便利です。

PDF ファイルへの出力方法

　「出力」タブの「印刷」パネルの「ページ設定管理」ボタンであらかじめ印刷の設定をしておきます。

▎1. 出力対象の選択

PDF 出力するタブに移動します。

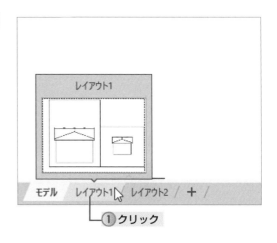

2. コマンドの選択

「出力」タブの「DWF/PDF に書き出し」パネルで「書き出し」ボタンをクリックし「PDF」を選択します。

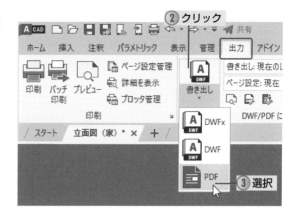

3. 環境設定ファイルの選択

「PDF に名前を付けて保存」ダイアログボックスの PDF プリセットから「AutoCAD PDF (General Documentation)」を選択します。

4. 保存先の指定

PDF ファイルの保存先を選択し、ファイル名を入力して「保存」ボタンをクリックします。

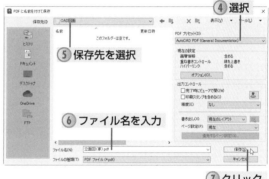

INDEX

数字

2D モデル空間.................................. 189
2D ワイヤーフレーム 279
「3D 基本」ワークスペース 278
3D 図形の作図.................................. 279
「3D モデリング」ワークスペース.. 278

A

acad.ctb.. 237
Adobe Reader 298
arc... 54
arraypolar... 109
arrayrect.. 112
AutoCAD PDF 299
AutoCAD Web およびモバイルクラウド
ファイルから開く............................. 28
AutoCAD Web およびモバイルクラウド
ファイルに保存............................... 28
AutoCAD Web およびモバイルへの図面.. 28
Autodesk アカウント........................ 28

B

break 128
ByLayer.. 152

C

chamfer 121
circle... 46
circle ttr.. 49
copy... 103

D

ddedit 165
DesignCenter................................... 259
dimedit 183
DIMLINEAR 173
dtext 163
dwg ファイル.................................... 297

DXF 形式... 297

E

ellipse 75
Enter キー 32
Esc キー 61
explode 74

L

limits .... 188、247

M

monochrome.ctb........................... 239
move 95
mtext 164

P

PDF 形式で保存 298
polygon 71

R

rectang 69
rotate.. 98

T

Trusted DWG 15, 298

U

UCS アイコン 15

V

View Cube 15, 66, 280

X

X 線 279

Z

zoom p 64
zoom w 62

あ

アプリケーションボタン 14
アプリケーションメニュー 17

い

異尺度対応 219
異尺度対応オブジェクト 160
位置合わせオプション..................... 166
一時 OSNAP 288
位置表示 295
移動 95
印刷尺度 205, 234
印刷スタイルテーブル..................... 234
印刷の実行 236
印刷の設定 204
「印刷」パネル 298
隠線処理 .... , 68

う

ウィンドウ切替え.............................. 21
上書き保存 25

え

円錐... 279
延長... 53
円を描く 46

お

オービット 280
オブジェクトスナップ...................... 51
オブジェクトプロパティ管理 290
オブジェクトを選択表示................. 15
オフセット 45

か

回転... 99
回転アクション................................ 262
回転位置を参照............................... 100

回転複写 109
カウント 261
「学習」ページ 13
拡大表示 62
拡張子 23
角度寸法記入 181
仮想交点 52
画層とは 148
画層の色 150
画層の順番 158
画層の線種 151
画層の表示・非表示 154
画層のロック 157
画層プロパティ管理 149, 245
画層名 150
画層を作成する 149
画層を選択する 154
壁を作図する 196

き

基点コピー 250, 255
起動 12
鏡像 108
共有 28
極座標 43
距離計算 292
近接点 52

く

クイック 295
クイックアクセスツールバー 15, 17
クイック新規作成 20, 244
クイックツールバーから除去 17
クイックプロパティ 185, 291
矩形状配列複写 112
クリック 18
グリッドの間隔 39
グリップ 119
グリップ表示 267
グローバル線種尺度 191
クロスヘアカーソル 18

け

計算（表）......................... 283

こ

合計 284
交差窓 92
交点 52
コマンド指定の流れ 30
コマンドの終了 32
コマンドの選択方法 30
コマンドライン 15, 72
コマンドライン設定のカスタマイズ .. 31
コマンドラインの移動 88
コマンドを繰り返す 58

さ

最近使用したドキュメント 24
作図ウィンドウ 15
作図補助設定 39
作図補助ツール 15
座標入力して移動する 97

し

四角形を描く 69
四半円点 52
尺度変更グリップ 206
尺度を追加／削除 223
終了 14
主軸 76
ショートカットアイコン 12
ショートカットメニュー 32, 119
新規ビューポートの形状 217
シンボルと矢印 170

す

垂線 52
図形を移動する 95
図形を選択する 90
図芯 52
「スタート」タブ 13
ストレッチアクション 266
スナップ 38

スナップ設定 39
スナップの間隔 39
すべての図面を閉じる 23
図面全体ズーム 40, 64
図面の方向 205, 234
図面範囲外のグリッドを表示 189
図面範囲設定 247
図面範囲の設定 188
図面枠の作成 248
図面を共有する 28
スライド寸法 184
寸法オブジェクト 186
寸法スタイル 168
寸法スタイル（異尺度対応）..... 218
寸法スタイル管理 169, 246
寸法スタイルを新規作成 169
寸法線からのオフセット 170
寸法線間隔 187
寸法線のスタイル設定 190
寸法線を入力する 168
寸法値 170
寸法値の位置 186
寸法値の位置合わせ 186
寸法値の優先 185
寸法値を変更する 184

せ

正多角形 71
接線 52
絶対座標 40
接点、接点、半径 49
セルスタイル 282, 286
セルの位置番号 285
セルを移動する 287
セルを結合 285
0 画層 149
前画面ズーム 64
線種管理 191
選択されたビューポートの尺度 206
選択を解除する 94

線の太さ（画層）.............................. 152

線分... 33, 79

そ

操作を中断する.............................. 61

相対座標.. 41

相対座標で指定して複写............ 104

挿入基点.. 52

た

タイトルバー 15

ダイナミック入力........................ 42

ダイナミックブロック................ 262

ダイナミックプロンプト............ 72

楕円を描く.................................... 75

タブ... 16

ダブルクリック............................ 18

単位設定.. 245

ち

中心... 52

中心、半径................................... 46

中点... 52

長方形... 69

直線の長さを入力........................ 44

直列寸法記入........................ 175, 221

直径寸法記入................................ 181

直交モード.................................... 35

つ

ツールチップ................................ 42

ツールパレット............................ 274

て

定常 OSNAP.................................. 51

「テキストエディタ」タブ......... 164

データ交換.................................... 296

点... 52

テンプレート................................ 244

テンプレートとして保存............ 252

テンプレートを選択する............ 253

と

閉じる..................................... 23, 35

扉を作図する................................ 199

ドラッグ.. 18

な

長さ寸法記入........................ 172, 220

ナビゲーションバー.................... 15

名前を付けて保存........................ 22

に

日本語入力モード........................ 164

は

端点... 52

柱を作図する................................ 195

「パターン」パネル.................... 275

ハッチング作成............................ 271

ハッチングの中抜き.................... 272

パネル... 16

貼り付け.. 255

半径寸法記入................................ 179

ひ

ビューコントロール......... 67, 68, 280

ビューポート 160

ビューポートコントロール....... 15, 67

ビューポート枠の非表示............ 231

表示スタイルコントロール....... 67, 68

表スタイルを設定........................ 281

表題欄の作成................................ 249

表の作成.. 281

表の文字スタイル........................ 287

表を挿入.. 281

開く... 24

ふ

ファイル.. 19

ファイルの削除............................ 25

ファイル名.................................... 21

フィレット.................................... 123

フォントを選択............................ 162

複写...................................... 103, 254

複数の尺度で表示する................ 211

複数要素をまとめて選択............ 91

浮動コマンドライン.................... 72

浮動図面ウィンドウ.................... 23

プリンタ / プロッタ............. 205, 234

フルスクリーン表示.................... 15

ブロック.. 256

ブロックエディタ........................ 262

ブロック作成................................ 256

ブロックの解除............................ 260

ブロックの挿入............................ 258

ブロックの分解............................ 270

プロンプト履歴の行数................ 88

分解...................................... 74, 260, 270

へ

平行... 53

平行寸法記入................................ 178

平行線... 44

平面図を描く................................ 188

並列寸法記入................................ 177

ページ設定管理.......... 205, 234, 247

ペーパー空間........................ 160, 204

ほ

方程式... 284

補助軸... 76

ポリゴン.. 71

ポリライン図形の面積................ 294

ま

マウスカーソル............................ 18

マウスの操作................................ 18

窓ズーム.. 65

窓を作図する................................ 197

マルチテキスト............................ 164

マルチ引出線................................ 182

み

右クリック.................................... 18

め

面積計算 293

面取り 121

も

文字記入 163, 166

文字スタイルの設定（異尺度対応） . 224

文字スタイル管理 161, 245

文字スタイルを設定する 161

文字高 162

文字の位置をリセット 186

文字を描く（モデル空間） 161

文字を修正する 165

モデル空間 160

元に戻す 35

や

矢印のサイズ 170

よ

用紙サイズ 205, 234

用紙上の文字の高さ 225

用紙枠の作成 247

り

リアリスティック 279

リボン 15, 16

「リボン」のアイコン 30

履歴行数の変更 88

れ

レイアウトタブ 204

レイアウトビューポートのサイズ変更 . 208

レイアウトビューポートの尺度 206

レイアウトビューポートの追加 213

レイアウトビューポートの配置 216

レイアウトビューポートの表示位置 209

レイアウト名の変更 251

わ

ワークスペース 278

ワークスペース切り替え 15

著者紹介
鈴木孝子（すずきたかこ）
東京都出身
CAD オペレータとして勤務後、CAD インストラクター、ヘルプデスクを経験。AutoCAD LT の他、BV_CAD、JW_CAD、CADSUPER FX など複数の CAD を扱う。
著書に「AutoCAD LT トレーニングブック」「AutoCAD LT 操作ハンドブック」「世界一やさしい　超入門 DVD でマスターする AutoCAD LT 」（以上ソーテック社）

はじめて学ぶ
AutoCAD 2023 作図・操作ガイド
2022 / LT 2021/2020/2019/2018/2017/2016 対応

2022 年 6 月 30 日　初版　第 1 刷発行

著者	鈴木孝子
装幀	広田正康
発行人	柳澤淳一
編集人	久保田賢二
発行所	株式会社　ソーテック社
	〒 102-0072　東京都千代田区飯田橋 4-9-5　スギタビル 4F
	電話（注文専用）03-3262-5320　FAX 03-3262-5326
印刷所	大日本印刷株式会社

©2022 Takako Suzuki
Printed in Japan
ISBN978-4-8007-1303-2